DE L'AMÉLIORATION

DE

LA RACE BOVINE

DU LIMOUSIN

DANS L'ARRONDISSEMENT D'ANGOULÊME

PAR DAIGNAUD

MÉDECIN-VÉTÉRINAIRE

ANGOULÊME
IMPRIMERIE DE J. LEFRAISE ET Ce
Rue du Marché, n° 6

1859

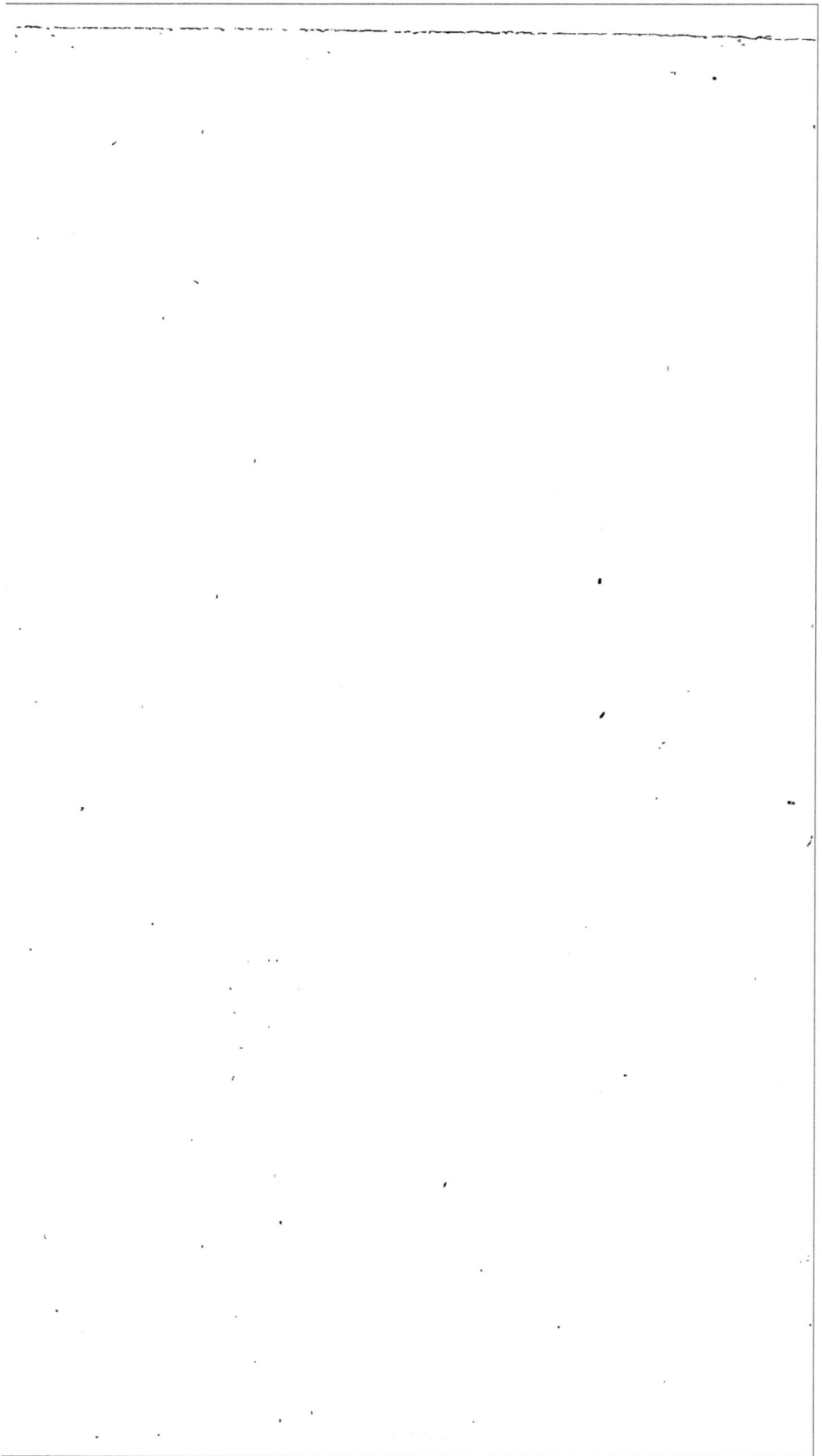

DE L'AMÉLIORATION

DE

LA RACE BOVINE

DU LIMOUSIN

DANS L'ARRONDISSEMENT D'ANGOULÊME

PAR DAIGNAUD

MÉDECIN-VÉTÉRINAIRE

ANGOULÊME

IMPRIMERIE DE J. LEFRAISE ET Cᵉ

RUE DU MARCÉÉ, 6

1858

A MM. LES ÉLEVEURS

DE L'ARRONDISSEMENT D'ANGOULÊME.

MESSIEURS,

En publiant ce travail, j'ai moins consulté mes forces
que le désir de vous être utile. Depuis six ans que je me
livre à l'exercice de la médecine vétérinaire dans l'un
des cantons de l'arrondissement d'Angoulême, j'ai pu,
en raison de ma profession même, étudier vos ressources, apprécier vos besoins. J'ai essayé, dégagé de toute
idée préconçue, d'y conformer les conseils qu'aujour-
d'hui je vous donne sur les moyens d'améliorer la race
bovine du Limousin.

Pour donner plus de force à mes opinions, je les ai
souvent étayées de celles d'hommes dont les noms font
autorité dans la matière; mais, afin que vous ne don-
niez le change à celles qui me sont personnelles, et cédant à un sentiment de justice qui doit l'emporter sur la
vanité, j'ai fait connaître, soit dans le texte, soit dans
des renvois, les noms des auteurs de celles que j'ai em-
pruntées

Puisse le succès couronner mes intentions ! Ce travail vous indiquerait la voie la plus sûre d'améliorer une race dont les qualités ne sont peut-être pas assez appréciées ; il vous éviterait des essais de croisements, dont les résultats, voilés par l'incertitude, ne sont que trop souvent onéreux.

Si les faits doivent être contraires à mes prévisions, mes idées seront peut-être assez appréciées pour mériter d'être réfutées. Du choc de ces opinions contraires pourront jaillir quelques étincelles de vérité qui jetteront du jour sur une question qui, pour vous, est d'un haut intérêt. Ce cas échéant, j'aurai encore la satisfaction de penser que ce travail ne sera pas resté pour vous sans quelque utilité. Ma tâche ne sera pas remplie, mais mes vœux seront satisfaits.

DAIGNAUD.

INTRODUCTION.

—

Les modifications à imprimer à une race ne peuvent être absolues : la plus parfaite est celle dont l'entretien peu coûteux répond en même temps le mieux aux besoins de la localité où elle est entretenue. Certaines contrées où l'usage du beurre est très répandu, la fabrication du fromage presque générale, ont intérêt à entretenir des races qui donnent un lait abondant et riche en principe butyreux ; d'autres, où le cheval est employé aux travaux de l'agriculture, ont avantage à entretenir des bêtes à cornes dont la précocité et l'aptitude à l'engraissement rendent celui-ci moins dispendieux ; il en est enfin qui doivent rechercher les races les plus propres au travail.

Les aptitudes diverses que présentent les races sont le résultat de la différence des climats, des lieux où elles ont été entretenues, du régime auquel elles ont été soumises, des soins dont elles

1.

ont été l'objet et des services auxquels elles ont été utilisées. Le régime surtout exerce une influence notable sur les animaux : les races les plus remarquables appartiennent aux régions favorisées par la richesse de leurs pâturages ou à celles dont l'état avancé de l'agriculture a permis de mieux nourrir les animaux.

La relation de cause à effet qui existe entre les races et la puissance des causes que nous venons d'énumérer sont tellement intimes, que l'amélioration d'une race nécessite toujours un changement dans les conditions sous l'influence desquelles elle s'est formée.

Mais, trouvant une raison d'être dans l'harmonie qui existe entre les influences naturelles et les usages économiques que l'on en fait, ces races répondent, en général, aux besoins des localités qui les entretiennent.

Changer les aptitudes qu'elles présentent, ce serait souvent nuire à un système énonomique que de longues années ont consacré.

La question de l'amélioration de la race bovine du Limousin n'est donc pas aussi simple qu'on pourrait le supposer tout d'abord : la solution de cette question nécessite une connaissance approfondie des lieux où cette race est entretenue, des progrès dont l'agriculture est susceptible, des usages que l'on fait des animaux de cette race et des avantages que ces usages peuvent offrir.

L'étude de cette race nous apprendra si elle répond aux services auxquels elle est destinée.

Nous verrons ensuite quelles sont les améliorations dont elle est susceptible dans les conditions où elle est placée, et quels sont les moyens de les lui imprimer.

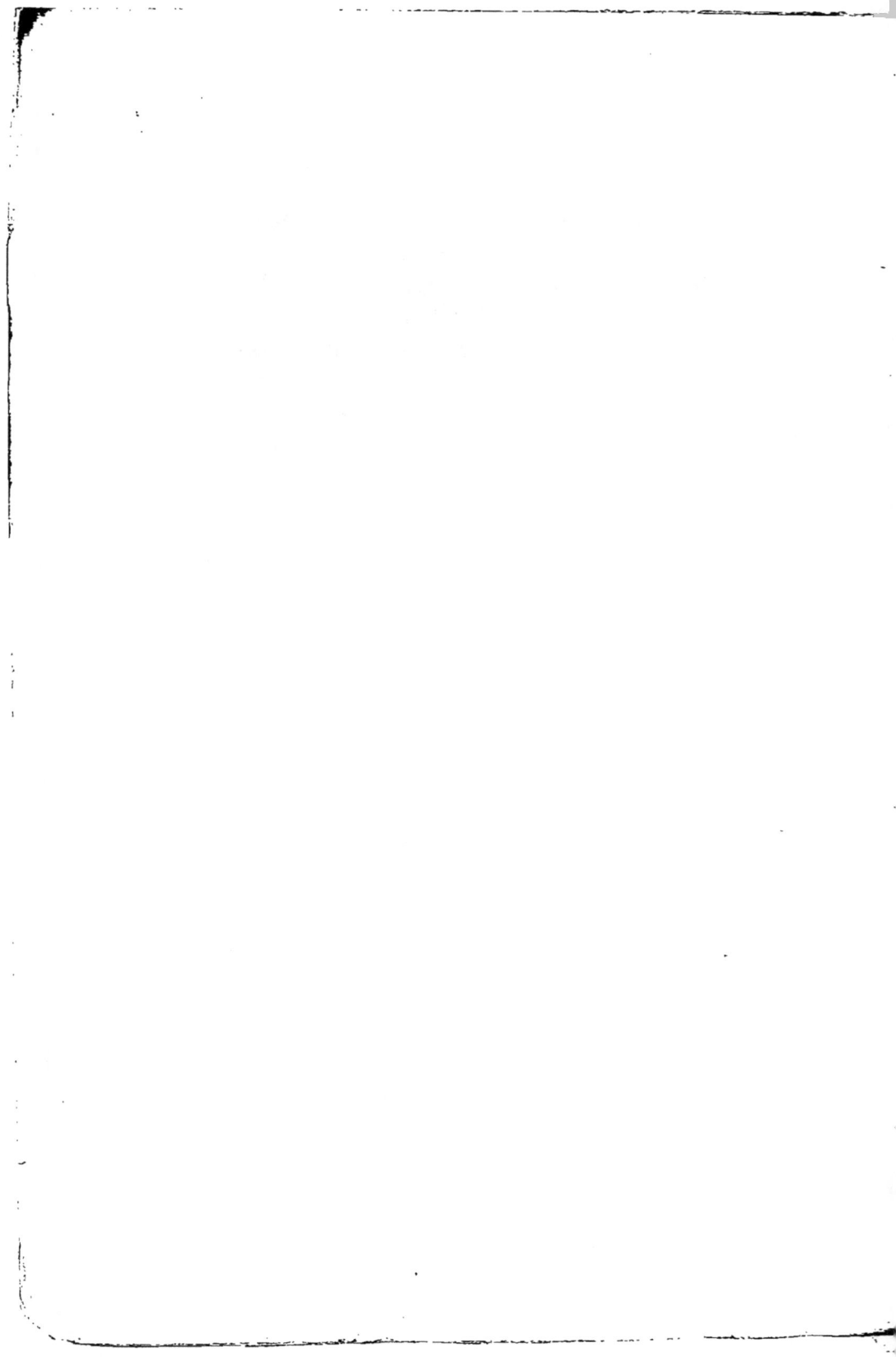

DE L'AMÉLIORATION

DE

LA RACE BOVINE

DU LIMOUSIN

DANS L'ARRONDISSEMENT D'ANGOULÊME.

───~◦❧◦~───

CHAPITRE IER.

TOPOGRAPHIE. — SAISONS. — MODES D'EXPLOITATION. — PRODUCTIONS. — USAGES ÉCONOMIQUES DES ANIMAUX DE L'ESPÈCE BOVINE. — AVANTAGES DE L'EMPLOI DU BŒUF DE PRÉFÉRENCE AU CHEVAL POUR LES TRAVAUX DE L'AGRICULTURE.

SECTION I.

TOPOGRAPHIE.

Le département de la Charente comprend cinq arrondissements, savoir : l'arrondissement d'Angoulême, l'arrondissement de Cognac, l'arrondissement de Confolens, l'arrondissement de Ruffec, et celui de Barbezieux.

L'arrondissement d'Angoulême tire son nom de celui de la ville du même nom, qui est aussi le chef-lieu du département de la Charente. Cet arrondisse-

ment est borné, au nord, par l'arrondissement de
Ruffec ; à l'ouest, par le département des Deux-
Sèvres et par l'arrondissement de Cognac ; au sud,
par l'arrondissement de Barbezieux ; et, à l'est, par
le département de la Dordogne.

Cet arrondissement comprend les cantons d'Angoulême, de Saint-Amant-de-Boixe, de Rouillac, d'Hiersac, de Blanzac, de La Vallette, de Montbron et de
La Rochefoucauld.

Aspect du sol. — La superficie du sol de l'arrondissement d'Angoulême est accidentée par quelques
chaînes de collines et les nombreuses ramifications
qu'elles présentent. Beaucoup d'autres collines, isolées,
offrent, les unes, un sommet aigu ; d'autres, un
plateau dont l'accès est rendu difficile par la pente
rapide des coteaux ; il en est enfin à croupes affaissées,
dont les coteaux se confondent avec les terrains avoisinants par une pente presque insensible.

Les vallées que forment ces chaînes de collines et
leurs ramifications sinueuses, de largeur variable,
bordées en certains endroits de rochers abrupts ou
taillés en arcs qui semblent avoir été polis par de forts
courants d'eau, se prolongent quelquefois à de longues
distances.

Ces accidents de terrain, les formes variées qu'ils
présentent, la diversité des plantes qui les recouvrent,
donnent à l'arrondissement d'Angoulême un aspect
très pittoresque.

Nature du sol. — Le terrain calcaire est celui qui
prédomine. La couche de terre arable qu'il forme est

généralement peu profonde. Le sous-sol en roche sur lequel elle repose rez-terre ou proéminent en certains lieux, çà et là, à sa surface, rend les labours difficiles. Sur certains coteaux, ce sous-sol se trouve à nu sur une large surface, donnant attache à des mousses et à des lichens qui vivent aux dépens de l'air, de la pluie et des substances transportées par les vents. Sur quelques roches, ces cryptogames décomposés à la longue, ont formé à la surface une couche de terreau où croît une pelouse que paissent des bêtes à laine petites, maigres et chétives.

Des sols où l'argile est en excès, froids et humides, sont difficiles à travailler. Composés, en certains lieux, presque exclusivement d'argile, ils sont abandonnés, faute d'amendements capables de les rendre plus propres à la culture.

On trouve encore des sols siliceux très étendus, couverts de landes, de bruyères, ombragés de chênes et de châtaigniers.

Il est des prairies humides, marécageuses, où l'herbe carbonisée et recouverte de terre a formé, à la longue, une tourbe dont l'acidité facilite la croissance des joncs et des carex.

Les meilleures terres se trouvent dans les vallées; de nature argilo-calcaire, la couche de terre arable qu'elles forment s'est augmentée de celle des coteaux avoisinants, laquelle y a été entraînée par l'eau des pluies et des torrents.

Rivières. — La Charente est la principale rivière que l'on rencontre dans cet arrondissement. La Tardouère, le Bandiat, la Touvre et le Né méritent encore d'être cités. Ces rivières et un grand nombre de ruisseaux entretiennent humides les prairies situées sur leurs rives. Ils les fertilisent par le limon qu'y laissent déposer leurs eaux, lorsque, après des pluies abondantes, leur lits insuffisants y laissent un libre cours.

Moyens de communication. — Le chemin de fer de Paris à Bordeaux traverse l'arrondissement d'Angoulême du nord au midi. Dans cette partie de son trajet sont établies plusieurs stations. Angoulême possède une gare importante. Cinq routes impériales et une route départementale facilitent les communications de cette ville avec d'autres villes populeuses. Des chemins de moyenne communication conduisent d'un canton à un autre et de là au chef-lieu, soit directement, soit au moyen d'embranchements avec les routes précitées. Cette voie ferrée, ces routes et ces chemins ouvrent un débouché facile aux produits agricoles et industriels. Mais les chemins vicinaux qui aboutissent aux villages, à des hameaux, étroits, creusés d'ornières inégalement profondes, ravinés par les eaux, à côtes souvent rapides ou escarpées, âpres, argileux ou taillés dans des rochers dont le poli expose les animaux à des glissades fréquentes, sont difficilement praticables.

Saisons.—Le commencement de l'automne est assez chaud pour déterminer la maturité des fruits de cette époque. Plus tard viennent, avec le vent de l'ouest, des pluies dont la durée contrarie quelquefois les semailles automnales ; l'air froid et humide des mois de novembre et décembre, est souvent troublé par des brouillards.

Le froid est quelquefois très vif en hiver : l'eau des mares se prend en glace à sa surface. L'abaissement de température peut être tel, que l'eau courante de certaines rivières mêmes se congèle. Il est des années où la neige forme, pendant plusieurs jours, à la surface du sol, une couche épaisse, qui préserve les végétaux du froid et fertilise la terre par sa fonte.

Vient ensuite le printemps, avec des jours plus beaux, ses alternatives de chaleur et de froid, de pluie et de givre. La vapeur d'eau contenue dans l'air, se condensant à la surface des végétaux, forme des rosées fréquentes. A la fin d'avril et au commencement de mai de certaines années, la température est assez basse pour congeler la rosée et donner lieu à des gelées blanches. Si alors le ciel est serein, les rayons solaires en déterminent une fonte rapide ; les plantes perdent une grande partie de leur calorique, les jeunes pousses sont détruites. Les brouillards, communs surtout dans les vallées que parcourent des ruisseaux, des pluies de longue durée entraînent quelquefois le pollen des fleurs, en empêchent la fécondation, les font *couler*.

Peudant l'été, l'air est sec, le ciel presque toujours pur et sans nuages. Les vents du nord et du midi, les plus communs à cette époque, sont irréguliers, souvent calmes. Les chaleurs du mois de juillet et du mois d'août dessèchent la terre : les sources se taris-

sent, l'eau des rivières s'affaisse dans leurs lits, les
feuilles des plantes se flétrissent, les végétaux souffrent, quelques-uns même périssent. L'atmosphère se
charge parfois d'électricité. Il éclate des orages suivis
de pluies qui abaissent la température de l'air, ra-
fraîchissent la terre, activent la végétation, ou de
grêle qui ravage les récoltes, consterne les esprits,
jette la désolation parmi les cultivateurs.

SECTION II.

MODES D'EXPLOITATION.

Les propriétés les mieux cultivées sont celles qui
sont travaillées par les propriétaires. L'ordre, l'économie qui règnent dans les familles de ces travailleurs leur procurent une aisance que rend encore plus
douce une indépendance absolue.

Quelques propriétaires qui, par vocation, n'ont pas
été appelés à se livrer aux travaux des champs, en
confient le soin à des domestiques. Mais ce mode
d'exploitation exige la surveillance continuelle du
maître. La pénurie d'ouvriers à l'époque des travaux
pressants, les rend exigeants sur le prix des salaires.
N'étant en rien intéressés au succès de l'exploitation,
ils travaillent avec lenteur.

C'est pour obvier en partie à ces inconvénients,
que des propriétaires se chargent du soin des animaux, qu'ils conduisent eux-mêmes ou qu'ils confient

à des domestiques. Les détails des autres travaux
sont abandonnés à des colons qui, pour prix de leur
salaire, reçoivent une part proportionnelle des récoltes. Le croît des animaux revenant au maître en en-
tier, il a intérêt à en augmenter le nombre et à les
mieux soigner. Il est vrai qu'il est contrarié par les
colons qui, méconnaissant leurs intérêts, tiennent
moins compte de la fertilité du sol que de l'étendue à
cultiver, dans les soins à donner aux prairies naturelles et l'extension des plantes fourragères. Mais
pouvant faire exécuter certains travaux par des domestiques, la liberté d'action du propriétaire est
encore assez grande pour lui permettre d'apporter
dans son domaine des modifications en rapport avec
les capitaux dont il peut disposer.

Le mode de culture le plus général est le métayage.
On peut, avec M. de Gasparin, définir le métayage :
« Un contrat par lequel, quand le tenancier n'a pas
un capital ou un crédit suffisant pour garantir le paie-
ment de la rente et des avances du propriétaire,
celui-ci prélève cette rente par parties proportion-
nelles sur la récolte de chaque année, de manière
que la moyenne arithmétique de ces portions annuelles représente la valeur de la rente (1). »

La force d'une habitude prise, la pauvreté des
métayers, la casualité des récoltes, les fréquentes
oscillations du prix des denrées, la division des propriétés, l'ignorance, le défaut d'industrie et d'acti-

_____

(1) De Gasparin. *Métayage*, p. 16.

vité sont, d'après le même auteur, les causes qui
retiennent dans le métayage les pays qui y sont soumis.

« Malgré ces causes puissantes, qui tendent à per-
pétuer le métayage, des auteurs agronomiques lan-
cent l'anathème contre ce mode de culture. Il est
facile de l'attaquer avec avantage et de trouver un
ordre meilleur, qui en doute ? Mais si ce système
n'est pas un choix, mais une nécessité, ne devons-
nous pas dire que rien n'étant absolument mauvais dans la nature, le mieux relatif peut se trouver
dans un ordre de choses que nous condamnerions
ailleurs?

« Il est vrai que, par cela même que, dans le métayage, le propriétaire ne reçoit que la moitié des
produits de ses améliorations, et le cultivateur la moitié de celui des cultures, l'un et l'autre doivent être
peu empressés à s'y livrer ; qu'ils ne font que celles
qui sont indispensables, et qu'ils rejettent ou ajour-
nent celles qui peuvent paraître moins nécessaires, et
qu'ainsi le métayage peut bien être un état de con-
servation, mais n'est jamais, par lui-même, un état
de progression. En effet, si nous considérons d'abord
le propriétaire, il est évident qu'il s'interdira tout
projet d'amélioration dont le produit ne serait pas le
double du taux ordinaire de l'intérêt des capitaux,
puisqu'il ne doit percevoir que la moitié de ce produit ; tandis que, sous le régime du fermage, il suffit
que ce projet lui offre un résultat un peu au-dessus
de cet intérêt, pour qu'il puisse l'exécuter, en exi-

geant de son fermier le montant de cet intérêt et lui laissant un léger bénéfice. Il en est tout à fait de même du fermier : il suffira qu'une culture perfectionnée lui paie l'intérêt du capital qu'il y consacre, pour qu'il puisse l'entreprendre ; mais, quant au métayer, il faut qu'elle lui paie plus du double : voilà le secret de la difficulté des améliorations sous le régime du métayage, et ce qui le rend un état absolument stationnaire.

« Ainsi le propriétaire et le métayer sont renfermés dans un cercle étroit de culture qu'ils ne peuvent franchir sans renoncer aux conditions principales de leur contrat. Tout ce qui tend, pour l'un comme pour l'autre, à augmenter la mise de fonds indispensable leur est interdit ; ils sont réduits aux pratiques les plus grossières de l'art, à calculer toujours le minimum des avances pour obtenir, non pas le maximum absolu, mais le maximum relatif des frais. Rappelons-nous, en effet, que si l'on obtient 2 de produit avec 1 de culture, l'on n'obtiendra pas 4 de produit avec 2 de culture ; mais l'on pourra obtenir, par exemple, 3. Ainsi, le métayer, dans le premier cas, obtiendra 1 de produit pour sa part de chaque culture, mais il n'obtiendra que 1 1/2 dans le second où il aura voulu perfectionner ses méthodes de travail ; et le propriétaire qui n'aura fait aucune avance, aura vu augmenter de 1/2 la rente de ses fonds. Au contraire, quand le propriétaire fera une dépense d'amélioration sur le fonds, ce sera le métayer qui retirera la moitié du produit sans frais de mise. L'un et l'autre doivent

2.

nécessairement répugner à ces entreprises. Une métairie comparée aux fermes ou aux propriétés cultivées par leurs maîtres sera donc le plus mal cultivé et le plus mal réparé des domaines (1). »

Voilà ce qui explique l'état peu avancé de l'agriculture dans l'arrondissement d'Angoulême et les difficultés qui s'opposent aux projets de perfectionnement.

SECTION III.

PRODUCTIONS.

Les productions sont très variées. Mais nous ne nous occuperons que de celles qui, en agriculture, ont assez d'importance pour être mentionnées. Elles peuvent être divisées en trois groupes correspondant chacun à l'un des trois règnes de la nature.

Règne minéral. — La pierre à chaux est la seule production de ce règne qui mérite d'être citée. Elle forme une zône qui s'étend des environs d'Angoulême jusqu'à l'Océan. « Elle se joint, aux environs d'Angoulême, avec une autre série, celle des terrains crétacés proprement dits, dont les coteaux de cette ville sont la limite. Les plus belles carrières de calcaire compacte de cette couche sont (dans l'arrondissement d'Angoulême) celle des Villairs, près de Rouillac,

(1) de Gasparin. Ouvrage cité, p. 57 et suivantes.

celle d'Echallat, canton d'Hiersac, et celle de Libourne, près de La Rochefoucauld (1). »

Règne végétal. — On trouve sur le plateau de quelques collines, sur leurs coteaux et dans les plaines, des bouquets de bois de chêne et de châtaigniers qui, dans les cantons de La Rochefoucauld, de Montbron et de La Vallette, forment encore de vastes forêts. Le fruit du châtaigner, commun dans ces trois cantons, sert à la nourriture de l'homme et à l'engraissement des animaux de l'espèce porcine. On extrait du fruit du noyer une huile employée à différents usages et surtout à l'assaisonnement des mets des gens pauvres. La culture de la vigne, très étendue, permet de tirer un parti avantageux de terrains peu fertiles. Les vins qu'elle fournit sont, en grande partie, convertis en eaux-de-vie, dont la qualité, quoique inférieure à celle de l'eau-de-vie de Cognac, est cependant très estimée. On cultive le froment, le seigle, l'orge, l'avoine, le maïs, des légumineuses telles que les haricots, les lentilles, les fèves, les pois, les gesses. On s'attache moins à la culture de la pomme de terre depuis la maladie qui la ravage. Celle du topinambour s'étend de plus en plus. La carotte, qui convient si bien à la nourriture du bœuf, du cheval et même à l'engraissement du porc, n'est guère connue que comme plante potagère. On s'attache davantage, à mesure qu'elle est mieux appréciée, à la culture de la bet-

(1) Marvaud. *Géographie du département de la Charente*, p. 93.

terave. Le sainfoin, le trèfle, la luzerne sont loin encore d'occuper, dans la culture générale, toute la part qu'ils devraient avoir. Les prairies naturelles occupant les vallées ou le penchant extrême des collines, sont généralement négligées. Quelques-unes, humides, marécageuses, fournissent une herbe dont l'acidité dégoûte bien vite les animaux qui s'en nourrissent. D'autres, trop sèches, fournissent une herbe fine, nutritive, mais peu abondante.

Règne animal. — Les animaux domestiques les plus importants de ce règne appartiennent aux espèces ovine, porcine, chevaline et bovine.

Espèce ovine. — Les races de cette espèce sont généralement petites, mais sobres et rustiques. Objet de peu de soins, elles sont avantageuses pour les propriétaires, qu'elles n'entraînent qu'à des dépenses presque insignifiantes. Il est des races de cette espèce, plus grandes, plus exigeantes sur la nourriture, et qui, en raison de cela, ne sont entretenues qu'en petit nombre par quelques cultivateurs. On a cherché à donner plus de finesse à la laine de ces races, en les croisant avec des béliers mérinos; mais leurs défauts de conformation ne peuvent être modifiés qu'en améliorant le régime auquel ces races sont soumises.

Espèce porcine. — Les races appartenant à cette espèce sont : la poitevine, la périgourdine et la limousine. La race du Poitou comprend elle-même deux variétés : celle du marais et celle du bocage. La race périgourdine et celle du bocage laissent peu à désirer.

Celle du marais et celle du Limousin, faciles à nourrir, bonnes marcheuses, fournissent une viande et une graisse très estimées ; mais elles ne peuvent être engraissées qu'à un âge avancé. Elles ont le cou trop long, le dos convexe, la côte plate, le ventre levreté, les jambons mal fournis, les membres longs.

Ces défauts tendent à disparaître sous l'influence des croisements de ces races avec celle de Tonquin et celle de Hampshire, que l'on a introduites dans l'arrondissement d'Angoulême depuis une quinzaine d'années.

Espèce chevaline. — Le cheval breton, le percheron, le poitevin sont employés aux services des diligences, des postes, du roulage et d'une foule de voitures particulières. Le cheval normand, l'allemand et l'anglais composent quelques attelages de luxe. Les juments de ces différentes races, conduites par bandes dans l'arrondissement d'Angoulême, par des marchands qui vont les acheter en Bretagne, en Normandie ou dans le Perche, sont livrées aux étalons pur sang anglais, anglo-arabes ou anglo-normands, que l'administration des haras entretient dans différentes stations. Ces croisements donnent lieu à des produits qui se développent mal sous l'influence de la nourriture, insuffisante ou de mauvaise qualité, à laquelle ils sont soumis. Beaucoup sont décousus, ont le corps long, les membres grêles, sont difficiles à nourrir. Minces et sveltes, ces chevaux ne sont propres qu'au service de la selle ou du trait léger. Quelques-uns des mieux conformés sont achetés par les commissions de remonte des régiments de cavalerie ; les autres, ne répondant pas à des services généraux, sont d'une vente difficile. Aussi, malgré les encouragements que l'on défère à l'élevage de ces chevaux, quelques éleveurs, mieux éclairés sur leurs véritables intérêts, livrent leurs juments à des baudets.

Espèce bovine. — La race limousine, qui sera l'objet d'une étude spéciale dans le chapitre suivant, est la seule qui soit à la fois produite, élevée et entretenue dans l'arrondissement d'Angoulême.

Indépendamment de cette race, on trouve, dans cet arrondissement, des bœufs de la race de *Salers*, nom qu'elle tire de celui d'une petite ville du Cantal, aux environs de laquelle se reproduisent, depuis un temps immémorial, les animaux les plus parfaits de cette race. Achetés par troupeaux nombreux, dès l'âge de huit à dix mois, dans les montagnes de l'Auvergne, où ils sont répandus, ces animaux sont conduits dans différents départements, dont celui de la Charente fait partie. On rencontre quelques animaux de la race de *Salers* dans le canton de La Rochefoucauld ; mais ils prédominent dans ceux de Saint-Amant-de-Boixe et de Rouillac. On les reconnaît aux caractères suivants, décrits par Grognier : « Taille de 1ᵐ 40 à 1ᵐ 50, poil court, doux, luisant, presque toujours d'un rouge vif sans tache ; tête courte, front large, tapissé, chez le taureau, d'une grande abondance de poils hérissés ; cornes courtes, grosses, luisantes, ouvertes, légèrement contournées à la pointe ;

encolure forte, principalement à la partie supérieure ;
épaules grosses, poitrail large, fanon descendant jusqu'aux genoux ; corps épais, ramassé, cylindrique ;
ventre volumineux ; dos horizontal, croupe volumineuse, fesses larges, hanches petites, attache de la
queue fort élevée, extrémités courtes, jarrets larges,
allures pesantes, aspect vigoureux, mais annonçant la
douceur et la docilité. »

Les animaux de cette race sont excellents pour le
travail ; les vaches donnent un lait peu abondant,
mais riche en caséum. Les succès qu'ils obtiennent
aux concours de Poissy démontrent, contre l'opinion
de M. Grognier, qu'ils prennent la graisse avec facilité.

Les bœufs de la race de *Chollet* et des variétés de
cette race sont en moins grand nombre dans l'arrondissement d'Angoulême que ceux de la race limousine et de la race de *Salers*. Ce sont surtout des vaches
de cette première race, connues sous le nom de *Gâ-*
tines, que l'on y entretient.

Les animaux de cette race sont de taille variable,
suivant la nourriture qu'ils reçoivent dans leur jeune
âge ; mais, en général, elle est peu élevée. Ils ont le
corps trapu et les jambes de longueur en rapport
avec la grosseur de leur corps. La conformation en
est assez bonne. Leur peau fine est recouverte d'un
poil louvet, alezan clair ou bai ; chez quelques variétés, le poil est presque noir. Un caractère très dis-
tinctif qu'ils présentent, c'est d'avoir les extrémités
des cornes, de la queue, le pourtour des yeux, des
lèvres et de la couronne, noirs.

Cette race est encore très propre au travail. Les cultivateurs qui spéculent sur la vente du lait préfèrent aux vaches limousines et à celles de Salers, les vaches de Chollet. Les animaux de cette race engraissent avec assez de facilité, et la chair en est de bonne qualité.

Enfin, des maisons entretiennent, pour les besoins particuliers de leurs ménages, de petites vaches bretonnes, pies, à ossature mince, provenant du Morbihan, où se trouve la race dans toute sa pureté. Ces vaches sont d'une sobriété remarquable et produisent une grande quantité de lait, comparativement à la nourriture qu'elles consomment.

SECTION IV.

USAGES ÉCONOMIQUES DES ANIMAUX DE L'ESPÈCE BOVINE.

Laiterie. — L'usage du lait est très restreint dans l'arrondissement d'Angoulême; il n'y a d'exceptions que pour quelques personnes faibles, maladives. Le beurre sert pour la préparation de mets particuliers; mais la graisse du porc est préférée pour les besoins culinaires. On ne confectionne aucun fromage qui, en raison de sa qualité et de la possibilité de le conserver longtemps, aille figurer sur des tables étrangères. Les produits de la laiterie trouvant peu de débouchés, cette branche de l'industrie agricole n'est

l'objet d'une spéculation que pour quelques cultivateurs habitant près d'Angoulême ou des chefs-lieux
de canton. Ces cultivateurs ne possèdent généralement qu'une petite étendue de terrain, qu'ils peuvent,
sans trop les fatiguer, travailler avec deux vaches.
On peut admettre que ces vaches, par leur travail et
le fumier qu'elles produisent, paient la nourriture
qu'elles consomment. Chaque année, elles produisent deux veaux, vendus aux bouchers, à l'âge de
deux mois, 100 fr. Pendant les sept mois qui suivent
la vente des veaux, ces vaches, ordinairement pleines
depuis l'époque de cette vente, donnent encore, en
moyenne et journellement, 10 litres de lait. Dans les
environs d'Angoulême, des revendeuses prennent, à
la ferme, le lait, qu'elles paient à raison de 0 fr. 12 c.
le litre, soit 252 fr. pour le produit en lait des deux
vaches pendant sept mois. Ce produit est réduit à
210 fr. dans les chefs-lieux de canton, le lait ne s'y
vendant que 0 fr. 10 c. le litre. Ainsi, on peut con-
sidérer que deux vaches entretenues par un cultivateur, dans les environs d'Angoulême, donnent, chaque
année, en veaux et en lait, un produit net de 352 fr.,
et, dans les chefs-lieux de canton, de 310 fr.

Engraissement des veaux. — Dans les campagnes
où l'on ne peut vendre le lait en nature, on spécule
sur l'engraissement des veaux. Ceux des vaches vendus, comme dans le premier cas, à l'âge de deux
mois, un prix moyen de 50 fr. chacun, les cultivateurs leur en donnent à nourrir d'autres (nourrigeons)
achetés, à l'âge de 15 à 20 jours, un prix moyen de

3

20 fr. ; 40 jours après, les bouchers prennent ces veaux pour le même prix que les veaux des nourrices. Il arrive rarement que la même vache puisse nourrir successivement deux veaux ; un même nourrigeon est ordinairement allaité par deux vaches. Ce nourrigeon vendu, on laisse tarir les vaches. Dans ce dernier cas, le revenu annuel de deux vaches peut être évalué à 130 fr. ; mais ces vaches fournissent une somme de travail plus considérable que celles sur lesquelles on spécule pour la production du lait.

Elevage. — Dans le canton de La Rochefoucauld et celui de Montbron, on élève une grande partie de veaux. On peut admettre, comme dans le cas précédent, que les vaches paient leur nourriture par leur travail et le fumier ; car, pour les vaches pleines, comme pour les mères nourrices, le travail n'est suspendu que pendant les quatre ou cinq jours qui précèdent ou qui suivent le part. La durée de l'allaitement, variable selon la constitution de la mère ou son état de gestation, est en moyenne de huit mois. Dès l'âge de trois mois, les veaux reçoivent, outre le lait de la mère, du foin trié, du regain ou autre substance de facile mastication. Notre confrère de Montbron, M. Jacques, à l'obligeance de qui nous devons quelques renseignements sur le mode d'élevage des veaux dans cette contrée, évalue à 15 fr. la valeur des substances fourragères consommées par un veau pendant le temps de l'allaitement. Les vaches sont conduites au taureau trois ou quatre mois après la mise bas, si bien que, en cinq années, une vache produit quatre veaux, vendus chacun immédiatement ou peu de temps après le sevrage, un prix moyen de 90 fr., soit 360 fr., le produit brut en veaux d'une vache pendant cinq ans, ou 300 fr., déduction faite de la valeur des fourrages consommés par les veaux, ou 60 fr. le produit net de chaque année.

Travail. — Les labours, la conduite des fumiers, le transport des récoltes, des matériaux de construction et de ceux destinés à différentes usines, sont presque uniquement effectués par les animaux de l'espèce bovine.

Engraissement. — Après quelques années de cette vie de labeur, lorsque le bœuf est parvenu à l'âge adulte, on le soumet à l'engraissement. Cette opération est surtout pratiquée dans les cantons de Rouillac, de La Rochefoucauld et de Montbron.

La plupart des engraisseurs se plaignent du peu de bénéfice à réaliser par l'engraissement; quelques-uns même, des pertes que cette opération leur fait éprouver. Beaucoup y renoncent; d'autres ne la continuent que parce que l'exhibition de leurs animaux dans les foires donne une satisfaction à leur vanité. Le commerce dont les bœufs sont l'objet et la pénurie des plantes fourragères nous semblent être la cause de ces mécomptes.

A. Commerce. — L'âge des animaux étant pris en considération dans les nombreuses transactions auxquelles ils donnent lieu, on les paie, lorsqu'ils sont encore jeunes, un prix supérieur à la valeur qu'ils ont d'après leur poids. Arrivés à l'âge de six à sept ans, les bœufs sont ainsi augmentés d'une plus-value que, lorsqu'ils sont gras, les bouchers ne peuvent faire rentrer en ligne de compte. Cette plus-value devient une perte pour l'engraisseur. Chaque vendeur prélevant un bénéfice sans lequel il se décide difficilement à vendre ses animaux, les bœufs de *harnais* finissent par acquérir un prix très élevé, avec lequel celui des bœufs gras n'est pas toujours en rapport ; car le prix de la viande d'étaux ne peut être indéfini : s'il est trop élevé, la consommation diminue. Un débouché moins facile est ouvert aux animaux gras : la production dépasse les demandes ; force est à l'engraisseur d'abandonner ses animaux à un prix réduit. C'est ce qui est arrivé dans le courant de l'année 1855. Pendant tout le cours de l'été, le commerce des bœufs avait été très actif ; le *maigrage* était très cher : les bœufs gras n'ont pu se vendre un prix proportionnel à ce dernier ; des engraisseurs ont perdu non-seulement la nourriture consommée par leurs animaux, mais encore du prix d'achat.

Si les engraisseurs joignaient à l'engraissement les diverses phases de l'éducation, ils seraient dédommagés des pertes de celui-là par les bénéfices que le commerce des bœufs procure à des mains étrangères. Mais un semblable système ne pourrait être suivi que par des propriétaires disposant de capitaux considérables et possédant une vaste étendue de terrain exploitée sans le concours de métayers. Ce qui s'oppose, en effet, à la concentration, par les engraisseurs, de ces différentes opérations, c'est la nécessité où sont les métayers, souvent les propriétaires même,

de mettre à profit les revenus de chaque année pour
faire face à leurs besoins. C'est encore le morcelle-
ment de la propriété qui met les cultivateurs dans
l'impossibilité d'entretenir un nombre d'animaux suffisant pour la production des élèves et l'entretien de
ces derniers jusqu'à l'époque où ils pourront être
engraissés.

Ces difficultés pourraient être levées, d'après M.
Jacques Valserres (1), par l'établissement du crédit
agricole et la reconstitution de la grande propriété
par les associations; « mais des mesures aussi radica-
les, dit cet écrivain, ne peuvent être que l'œuvre
sage et lente du temps, aidée par les institutions. »

B. Pénurie des plantes fourragères. — La pénurie
des fourrages fait que les fermes n'entretiennent pas
un nombre d'animaux suffisant pour la production
du fumier nécessaire pour maintenir les terres dans
un bon rapport. Les frais de culture restant les mêmes, le prix de revient des produits est plus élevé.
Pendant le temps qui précède l'engraissement, les
animaux sont nourris avec parcimonie, amaigris par
l'excès de travail. N'étant pas suffisamment en chair
au moment où on les soumet à l'engraissement,
celui-ci, alors de longue durée, nécessite l'emploi
d'une grande quantité d'aliments d'un prix élevé
et qui n'auraient dû être utilisés que pour terminer
l'opération.

(1) Production économique de la viande. *Constitutionnel,*
n° du 29 juillet 1856.

3.

SECTION V.

AVANTAGES DE L'EMPLOI DU BŒUF DE PRÉFÉRENCE AU CHEVAL POUR LES TRAVAUX DE L'AGRICULTURE.

Certaines contrées de la France, favorisées par le climat, la nature du sol et l'abondance des pâturages, peuvent se livrer à l'élevage de chevaux lourds, massifs, propres au labourage. Aussi, dans ces contrées, a-t-on, depuis longtemps, fait usage des chevaux pour les travaux des champs. Des agronomes désireraient voir cet usage se généraliser. Alors les races bovines, entretenues comme bêtes de rentes, recevraient des modifications qui les rendraient plus précoces, plus aptes à l'engraissement; une plus grande quantité de viande pourrait être livrée à la consommation à des prix modérés.

Mais les accidents de terrain que présente l'arrondissement d'Angoulème, le peu d'épaisseur qu'offre souvent la couche de terre arable, le sous-sol en roche sur lequel elle repose, le mauvais état des chemins vicinaux, rendent préférable l'emploi du bœuf pour les travaux de l'agriculture dans cet arrondissement. Le tirage du bœuf, en effet, est constamment égal; la ténacité du terrain ne fait que le ralentir dans sa marche; une plus grande résistance l'arrête, mais ne met point à bout sa patience. Il n'est point susceptible, comme le cheval, d'un effort impétueux qui, mettant à contribution toute sa force musculaire,

imprime souvent un mouvement à la masse ; mais il
ne s'irrite, ne s'épuise ni ne se rebute quand la résistance, pour être vaincue, nécessite des efforts vio-
lents, souvent répétés. Ces avantages du bœuf, la
crainte qu'il a des mauvais traitements, incapables de
le maîtriser, ont habitué, depuis un temps immémorial, les cultivateurs de cet arrondissement à avoir
pour lui un attachement qu'ils lui témoignent en ne
lui parlant que par une série de noms d'amitié. Ils
éprouveraient la plus grande répugnance à sacrifier,
pour le travail, le bœuf au cheval, qu'ils ne savent
ni harnacher ni conduire.

Indépendamment de ces difficultés qui s'opposent
à l'emploi du cheval pour le travail, il est encore
d'une économie bien entendue d'accorder la préférence au bœuf. La démonstration de cette proposition
ressort de l'examen comparatif 1º du prix du cheval
et du bœuf, 2º de la valeur de la nourriture qu'ils
consomment, 3º de la somme de travail produite par
chacun d'eux.

1º *Prix comparatif du bœuf et du cheval.* — Nous
avons vu que les chevaux élevés dans l'arrondissement d'Angoulême, minces et sveltes, ne sont
propres qu'au service de la selle ou du trait léger.
Ajoutons que les étalons que l'administration des haras entretient dans cet arrondissement, l'encourage-
ment donné par les primes décernées dans les concours à la production du cheval anglais, les courses
au galop, ne sont pas de nature à donner à ces chevaux une ampleur qui permette de les utiliser aux

travaux pénibles de la charrue. L'arrondissement d'Angoulême ne produisant point de chevaux qui puissent répondre aux besoins de l'agriculture, en substituant le cheval au bœuf pour le travail, on serait contraint de tirer les chevaux de départements étrangers à celui de la Charente. Les frais de voyage, les ventes successives auxquelles ces chevaux donneraient lieu, en augmenteraient de beaucoup le prix. Une bonne paire de chevaux ne coûterait pas moins de 14 à 1500 fr., tandis qu'une bonne paire de bœufs ne coûte que 8 à 900 fr. Or, ne serait-il pas préférable d'employer cette différence de prix à l'achat de ruminants qui, partageant le travail de ceux qui sont entretenus dans une ferme, en diminueraient les fatigues, partageraient la croissance et augmenteraient la quantité des engrais?

Il y a plus : avec chaque année de travail, les chevaux achetés à l'âge adulte, diminueraient de valeur jusqu'à ce que la vieillesse anéantit le capital qu'on y aurait engagé, tandis que le bœuf, par sa croissance, acquiert une valeur qui fait plus que de représenter l'intérêt du capital engagé.

Des tares, certains accidents qui réduisent le cheval à une non-valeur, permettent d'utiliser le bœuf pour la boucherie.

2° *Valeur comparative de la nourriture du cheval et du bœuf*. — La grande capacité de l'estomac du bœuf fait que la ration de cet animal doit se composer d'une grande quantité d'aliments, tandis que le cheval, dont l'estomac est plus petit relativement au

volume du corps, se contente d'aliments d'un poids
moindre. Mais les aliments dont se nourrit ce dernier, sous le même poids, doivent contenir plus de
principes alibiles. Des aliments verts pendant le cours
de l'été, du foin, du regain, de la paille, quelques
racines pendant l'hiver, dont se contente le bœuf, seraient insuffisants pour un cheval soumis à un travail pénible, il devrait encore recevoir de fortes rations de grains d'un prix très élevé.

3º *Estimation comparative du travail du cheval et
du bœuf.* — On estime que l'effort du cheval, comme
celui du bœuf, est proportionnel à leur poids. Cette
estimation, variable selon les auteurs, ne peut être
celle d'un travail continu et d'une durée de plusieurs
heures, auquel seraient soumis ces animaux. L'animal qui use de toutes ses forces pour vaincre une résistance qui lui est opposée ou un effort qui l'entraîne,
est bientôt épuisé et incapable de le vaincre longtemps; il peut produire une somme considérable de
travail pendant un temps fort court; mais il en pro-
duirait une proportionnellement bien inférieure dans
un temps plus long. La somme de travail produite par
les animaux varie d'ailleurs selon l'espèce à laquelle
ils appartiennent, leurs races et leurs conformations,
qui leur donnent des qualités différentes pour les services auxquels ils sont destinés. L'estimation comparative du travail du cheval et du bœuf ne peut donc
être faite d'une manière rigoureuse. Quoi qu'il en
soit, on a calculé qu'en raison de la difficulté qu'é-
prouve le bœuf à marcher dans des terrains glaiseux,

pierreux et sur la terre fortement gelée, les bœufs ne faisaient, en Allemagne, que 250 journées de travail, pendant que les chevaux en faisaient 300. En Suisse, la proportion est de 220 à 260. De l'avis de M. de Dampierre, dans le midi de la France, « le bœuf fait autant de journées de travail que le cheval. »

Les bœufs que M. de Dampierre dit avoir vus « dans les Landes, les Pyrénées, en Espagne, faire quatre-vingts kilomètres dans une nuit et un jour, et trotter longtemps de suite, fort vite, comme d'excellents chevaux, sans s'essouffler, » ne peuvent être considérés que comme offrant une exception parmi les animaux de leur espèce. L'allure du bœuf est généralement plus lente que celle du cheval; mais, prenant en considération que les attelées du bœuf sont plus longues que celles du cheval, sir John Sinclair estime que le travail du bœuf atteint la proportion des trois quarts de celui du cheval. M. de Gasparin fait la même estimation. Mathieu de Dombasle considère qu'en Lorraine, la proportion du travail des bœufs est des quatre cinquièmes. Enfin, de l'avis de M. de Pradt, le bœuf et le cheval font un travail absolument égal.

Mais admettrait-on que quatre bœufs de rechange ne fissent pas plus de travail que deux chevaux, d'après Thaër, « le travail fait avec deux bœufs serait cependant de la moitié meilleur marché que s'il avait été fait avec des chevaux. »

M. Durand, régisseur de M. de Gasparin, est arrivé à un résultat à peu près semblable dans un travail où il a pris en considération, d'une manière comparative, la nourriture, le travail du cheval et du bœuf, le nombre des valets destinés à les conduire, les dépenses de la ferrure et des outils, des harnais, les honoraires du vétérinaire et l'intérêt du capital engagé. Il résulte de ce travail que six juments feraient le travail de dix bœufs, mais que les six juments coûteraient annuellement 7,939 fr., tandis que les bœufs ne coûteraient que 5,060 fr.

On peut encore mentionner, en faveur de l'emploi du bœuf pour le travail, les résultats de recherches faites par M. Jacques Valserre. Ceux qu'il a consignés dans le journal *le Constitutionnel* (numéro du 28 juillet 1856) sont empruntés à M. Gouvion, de Denain (Nord). M. Gouvion achète des bouvillons à l'âge de quinze mois, au prix de 200 fr. en moyenne; il les garde pendant vingt-six mois à l'écurie, et, au moment où elle est soumise au joug, chaque tête coûte 590 fr.

Cinq chevaux, d'après M. Gouvion, équivalent à sept bœufs pour le travail. Il y a une économie de 180 fr. par tête et par année sur la nourriture des bœufs. Le bœuf de trois ans et demi pouvant être attelé jusqu'à l'âge de sept ans, l'économie pendant la période est de 630 fr.

Le lot des cinq chevaux, à 1,000 fr. chacun, s'élève à 5,000 fr.; celui des bœufs coûtant, à l'âge de trois ans et demi, 600 fr. la pièce, à 4,200 fr. Economie réalisée sur le prix d'achat des bœufs, 800 fr., rapportant, pendant trois ans et demi, un intérêt de

140 fr., soit 20 fr. d'économie réalisée par chaque tête de bœuf.

Le fumier que produit un cheval en un jour est évalué à 0 fr. 15 c.; celui que produit un bœuf de travail à 0 fr. 20 c Le fumier des cinq chevaux, par jour, vaut 0 fr. 75 c.; celui des bœufs, 1 fr. 40 c. Différence en faveur des bœufs, 0 fr. 65 c. par jour, 19 fr. 50 c. par mois, ou 234 fr. par an. Cette dernière somme divisée par 7, nombre des bœufs, donne au quotient 33 fr. 42 c., indiquant l'économie réalisée par an sur le fumier produit par chaque bœuf, soit 116 fr. 97 c. pour une période de trois ans et demi.

Chaque année le cheval perdant 10 p. 0/0 de sa valeur, chaque cheval de 1,000 fr. perd 100 fr. par an ; les cinq chevaux ensemble, 500 fr., ou 1,750 fr. pendant une période de trois ans et demi. Le bœuf, loin de perdre de sa valeur, augmente jusqu'à l'âge de six ans. Il y a donc une économie de 1,750 fr. dans l'emploi des bœufs pendant la période supposée, soit 250 fr. par tête.

Ainsi, M. Gouvion trouve que les labours par les bœufs offrent, sur les labours par les chevaux, les avantages suivants :

Économie, par tête, sur la nourriture.............................	630 fr. »»	c.
Économie sur le capital engagé......	20	»
Profits sur les fumiers...............	116	97
Économie sur l'amortissement.......	250	»
TOTAL des économies par tête.....	1,016	97

Ainsi le bœuf, qui, au moment où on l'attelle, coûte 590 fr., après un travail de trois ans et demi, procure, comparativement au cheval, une économie de 1,016 fr. 97 c.

CHAPITRE II.

RACE LIMOUSINE. — DE LA CONVENANCE DU CROISEMENT
DE CETTE RACE AVEC CELLE DE SCHWITZ.

SECTION I.

RACE LIMOUSINE.

Nous diviserons l'étude de cette race en deux parties : dans la première, nous en examinerons les caractères, les qualités et les défauts ; dans la seconde, nous verrons les soins dont elle est l'objet.

§ I.

Caractères de la race limousine, ses qualités,
ses défauts.

La Haute-Vienne, une partie du Périgord, le canton de La Rochefoucauld, celui de Montbron sont les contrées qui produisent les animaux de la race bovine dite du Limousin.

La taille de ces animaux varie selon les soins qu'ils reçoivent dans leur jeune âge : élevée chez quelques-uns, elle est moyenne chez d'autres. Ils ont un poil rouge, blond ou jaune paille ; les épaules sont charnues, épaisses ; le fanon large, le dos bien soutenu, la croupe assez développée ; les os d'une grosseur moyenne ; tête allongée munie de cornes longues, aplaties d'avant en arrière, dont la pointe se dirige le plus souvent en avant et en haut. On dit alors les animaux bien coiffés. Mais, chez quelques sujets, les cornes s'infléchissent latéralement en bas et de côté, en décrivant un arc. Cette direction vicieuse des cornes, nuisible, dans ce cas, à l'attelage des animaux, oblige à en faire l'amputation.

En général, les animaux de cette race ont la côte trop plate en arrière des épaules, le garrot trop tranchant ; quelques-uns ont la poitrine étroite, le ventre retroussé, les cuisses minces, les jambes trop longues.

Les animaux de race limousine sont souvent croisés avec ceux du Périgord et du Quercy, desquels on ne peut guère les distinguer ; on ne doit cependant pas les confondre avec les bœufs *maraichains* que l'on élève dans les marais de la Saintonge, et qui se rapprochent, plutôt par leur pelage que par la finesse et la régularité de leurs formes, de la race de Chollet.

Le bœuf limousin est éminemment propre au travail. Dans l'arrondissement d'Angoulême, quelques propriétaires achètent des veaux de l'âge de huit à dix mois. Ils les gardent six mois, un an, sans les soumettre à aucun travail, spéculant uniquement sur la différence du prix d'achat au prix de vente ; mais, le plus ordinairement, les veaux sont achetés par des cultivateurs qui, ne possédant qu'une petite étendue de terrain, les emploient au labourage et au transport de leurs récoltes. Traités avec beaucoup de douceur, ces animaux, en même temps qu'ils paient leur nourriture par un travail léger, s'habituent à un travail plus pénible, et se vendent à bénéfice à mesure qu'ils acquièrent de la taille et qu'ils sont mieux dressés. C'est lorsque le bœuf limousin a atteint l'âge de trois ans que commencent pour lui des travaux plus pénibles : dans les temps de chaleurs, comme aux époques des froids les plus rigoureux, qu'il pleuve, que l'atmosphère soit agitée par les vents, bravant les intempéries, il creuse des sillons pendant huit, dix et douze heures du jour, ou il est occupé au transport de divers matériaux. Docile au joug, il se prête à tous ces travaux avec une patience qui tient de la résignation.

Les vaches limousines, si grosses quelquefois qu'on les prendrait, à distance, pour des bœufs, sont généralement mauvaises laitières; quelques-unes même ne peuvent nourrir leur veau.

Si les animaux de race limousine ne présentent pas, pour l'engraissement, autant d'aptitude que ceux de quelques races étrangères, ils n'en prennent pas moins la graisse avec assez de facilité. On a vu, dans ces derniers temps, des types de cette race figurer avec honneur au concours de Poissy. M. Valserres considère, comme dignes des plus grands éloges, ceux qui ont été présentés, en 1856, par M. Riquet (1).

(1) *Constitutionnel.* Compte-rendu du concours de Poissy, année 1856.

Le moindre vice de docilité déprécie ces animaux : chaque fois qu'ils sont vendus, ils doivent se prêter à tous les mouvements de tête et de corps que l'on exige d'eux. Opposent-ils une résistance quelconque, le marché est annulé ou la vente maintenue à la condition seulement d'une réduction du prix. Sensibles aux caresses, ils voient d'un œil qui exprime la reconnaissance celui qui, chargé de les soigner et de les conduire, les traite avec douceur ; ils s'habituent à sa voix, la reconnaissent, et la confiance qu'elle leur inspire fait qu'ils y obéissent plus volontiers qu'à toute autre. Ils sont familiarisés avec des noms qui, le plus souvent, dispensent leur conducteur d'avoir recours à l'aiguillon pour faire exécuter ses commandements. Ils savent, par habitude, la place qu'ils doivent occuper à l'écurie et au joug ; chacun d'eux respecte celle de son camarade et prend de lui-même celle qui lui est assignée. Cette intelligence dont sont doués ces animaux, fait qu'ils sont plus faciles à conduire et rend plus commodes les travaux auxquels on les soumet.

§ II.

Soins dont les animaux de race limousine sont l'objet.

Choix des reproducteurs. — Quelques éleveurs entretiennent des taureaux d'une belle conformation. Mais, en général, le choix du taureau est fait par des métayers moins soucieux des qualités qu'il est appelé

4.

à transmettre à ses descendants que des bénéfices qu'ils ont à réaliser sur les saillies. Aussi, tenant compte de la différence du prix, donnent-ils souvent la préférence à celui qui, laissant beaucoup à désirer, est d'un prix moindre. Ils le livrent à la reproduction dès l'âge de huit à dix mois, et le vendent après l'avoir fait servir à cet usage pendant trois à quatre mois ; il est ainsi peu déformé, et par cela même il a moins perdu de sa valeur. Les bons éleveurs qui ont un taureau de choix, le gardent un an.

Les vaches, quelles qu'en soient les formes et les qualités lactifères, sont livrées à la reproduction dès l'âge de quinze à dix-huit mois. Quelques propriétaires cependant attendent qu'elles aient atteint leur deuxième année. Parvenues à l'âge de douze à quatorze ans, quelques-unes même à celui de dix-huit à vingt ans, ces vaches sont engraissées et vendues pour la boucherie. Dans les contrées où l'on se livre à l'élevage, presque tous les veaux sont conservés sans tenir compte ni des formes, ni de la généalogie. Parmi les *velles*, on choisit celles qui sont les mieux conformées et provenant des mères meilleures nourrices

Bouveries. — Les principes les plus élémentaires de l'architecture rurale ont été méconnus dans la construction des bouveries; on ne s'est nullement préoccupé de l'exposition. Situées à la partie la plus basse de l'espace occupé par les bâtiments de l'exploitation, elles reçoivent l'eau des toits et des égoûts qui y entretiennent une humidité constante. On n'a pas même cherché à corriger cette cause d'insalubrité en élevant le sol des bouveries au-dessus du niveau du terrain avoisinant. Le plafond, formé de claies ou de planches mal jointes, laisse tomber sur les animaux la poussière et les graines qui s'échappent du fenil ; la porte est souvent la seule ouverture qui les fasse communiquer directement au dehors. Aussi, dans ces cas, l'air des bouveries est-il souvent vicié par la respiration des animaux et les émanations qui s'échappent des fumiers ; comme enfouis dans ces bouges, les animaux croupissent dans l'urine et les excréments qui s'attachent à leur peau. Cette malpropreté, autant que la mauvaise nourriture qu'ils reçoivent, engendre, chez quelques sujets, des poux qui les sucent, les tracassent, les réduisent au marasme.

Régime. — Dès les premiers beaux jours du printemps, alors surtout que les granges sont dégarnies de foin, des cultivateurs négligeant entièrement le soin de la culture des fourrages précoces, envoient leurs animaux chercher leur nourriture dans les bruyères ou les bois, où déjà apparaissent quelques brins d'une herbe tendre, peu nutritive. Pendant l'été, on réserve pour le pâturage, après la fauchaison, les prés qui ne peuvent donner de regain, les sainfoins et les trèfles qui ont été coupés une seconde fois. L'herbe de ces pâturages, desséchée par le soleil, est souvent aussi couverte de la poussière qui y a été transportée par les vents. C'est là que les animaux, après des attelées longues et pénibles, ont à chercher une nourriture dont l'insuffisance ne peut être compensée par les quelques poignées de foin ou de tiges de maïs qu'on leur distribue à leur entrée à la bouverie. En automne, les regains coupés, on livre tous les prés au pâturage. Depuis le mois de novembre jusqu'à la fin d'avril, les bêtes à cornes sont tenues à la bouverie. Pendant ce temps de stabulation, elles ne reçoivent que de faibles rations de foin et de regain mêlés à des pailles de froment, d'avoine dans de fortes proportions, des pailles de maïs, de pois, etc.

Les racines, telles que les topinambours, les betteraves, les pommes de terre, si capables de corriger les mauvais effets du régime sec, sont le plus souvent consacrées à l'engraissement des animaux de l'espèce porcine.

SECTION II.

DE LA CONVENANCE DU CROISEMENT DE LA RACE LIMOUSINE AVEC CELLE DE SCHWITZ.

On a pensé que, par le croisement de la race limousine avec celle de Schwitz, on pourrait corriger les défauts de conformation de cette race commune, et que les vaches issues de ce croisement seraient meilleures laitières. Avant d'examiner la valeur de cette opinion, consacrons quelques lignes à l'étude de la race étrangère :

« Les cantons de Schwitz, de Zug et de Glaris, qui sont les centres de production de la race connue sous le nom de race de Schwitz, appartiennent à la région montagneuse de la Suisse. Les versants des montagnes n'y sont pas trop abrupts et fournissent des pâturages *riches* et *abondants*; mais il n'existe malheureusement pas une proportion convenable entre l'estivage et l'hivernage, de sorte que le nombre d'animaux est flottant. Considérable en été, il est forcément diminué aux approches de l'hiver par le manque de fourrages, et c'est de ces nécessités économiques que naît un commerce considérable de bestiaux entre le Wurtemberg, la Bavière et le nord de l'Italie. L'automne, on vend les élèves et les bêtes de rente, et l'on ne garde que les vaches les plus belles et quelques taureaux qui perpétuent dans sa pureté la belle race de ces contrées; au printemps, on rachète un nombre d'animaux suffisant pour pâturer les herbages d'été (1). »

Cette race a été introduite à l'école de Grignon par M. Bella, directeur de cette école. M. Bella a cherché à la propager en cédant des taureaux et des vaches nés à Grignon ou provenant du canton de Schwitz. Des animaux de cette race furent, dans ces derniers temps, employés aux travaux de l'exploitation de la ferme du Petit-Rochefort, près d'Angoulême; ces animaux ont été répandus dans l'arrondissement de ce nom par les ventes successives dont ils ont été l'objet.

Les animaux de la race de Schwitz se distinguent

(1) DAMPIERRE. Races bovines, p. 226.

par une robe bai-marron ou brun très foncé, tirant parfois sur le grisâtre, avec une raie claire sur le dos; le tour de la bouche, l'intérieur des oreilles, l'épine dorsale, le ventre et l'intérieur des cuisses sont blanchâtres ou jaunes. Ils ont une encolure musculeuse, un poitrail et un garrot larges, le dos droit, la côte ronde, les hanches écartées, les épaules charnues, des membres forts, remarquables par leurs aplombs. La conformation des animaux de cette race peut être considérée, d'après M. Bella, comme l'idéal d'un beau bœuf de travail.

Ces animaux sont considérés comme bons travailleurs, et les vaches classées parmi les excellentes laitières. Passablement nourries, elles peuvent donner jusqu'à 25, 28 litres de lait par jour. On compare, pour le rendement en lait, les vaches de cette race avec celles de race normande. Douze vaches suisses et dix-huit normandes, recevant, à Grignon, une nourriture de même qualité, ont donné le même produit en lait. D'un engraissement facile, les animaux de la race de Schwitz sont d'un caractère très doux et faciles à acclimater.

Ainsi, la race de Schwitz réunirait toutes les qualités que l'on chercherait inutilement dans aucune autre race : bonne travailleuse, excellente laitière, d'un engraissement facile, elle ne laisserait rien à désirer. Et cependant, il est d'observation que ces trois qualités, s'excluant mutuellement, ne peuvent se rencontrer dans une même race, chacune à un degré éminent: la race flamande, par exemple, remarqua-

ble par son rendement en lait, est d'un engraissement difficile; la race de Durham, renommée pour
son aptitude à l'engraissement, convient peu pour le
travail, et la race limousine, très apte à ce dernier
usage, ne donne du lait qu'en petite quantité. La race
de Schwitz ferait-elle exception à cette règle générale?
Si, comme laitière, elle souffre la comparaison avec
la race normande, elle est inférieure à la race de
Durham sous le rapport de l'aptitude à l'engraissement, et, pour le travail, elle est plus molle, plus
lente que la race limousine.

Les produits issus du croisement de cette race avec
celle du Limousin pourraient avoir la côte plus
ronde, le garrot moins tranchant, des formes, en
général, plus arrondies que les animaux de la race
commune; mais, une bonne nourriture étant indispensable pour fixer dans ces produits les modifications acquises, celles-ci disparaîtraient bientôt chez
les descendants de la race de Schwitz, habituée aux
riches pâturages de l'Helvétie, sous l'influence du
mauvais régime auquel seraient soumis ces animaux
dans l'arrondissement d'Angoulême.

Sans doute, bien que la laiterie ne soit pas l'objet
d'une spéculation générale dans cet arrondissement,
il serait à désirer que les vaches limousines fussent
meilleures laitières. Leurs veaux, recevant un lait
plus abondant, acquerraient un état de graisse qui
en augmenterait le prix pour la boucherie; ceux
mêmes qui seraient élevés seraient mieux conformés,
d'une meilleure constitution. Mais les chaleurs esti-

vales, les froids rigoureux de l'hiver, l'air sec que respireraient les vaches métisses, le ciel souvent serein sous lequel elles vivraient, les aliments peu aqueux dont elles se nourriraient, sont peu favorables à la sécrétion des mamelles. L'influence fâcheuse de ces circonstances climatériques serait encore favorisée par le travail auquel seraient soumis ces animaux, l'afflux de sang qu'il provoque dans les organes de la locomotion ne pouvant s'effectuer qu'au détriment de celui qui est destiné à apporter aux mamelles les éléments de la sécrétion dont elles sont le siége. L'action de ces organes ainsi diminuée s'affaiblirait à la longue.

Pour des qualités incompatibles avec le climat, la nourriture que reçoivent les animaux, les usages que l'on en fait, on sacrifierait la rusticité de la race commune et l'on diminuerait son aptitude au travail.

C'est ainsi que, méconnaissant les qualités de la race limousine pour ne tenir compte que de ses défauts, on serait conduit à des mécomptes inévitables. On ferait de grandes dépenses pour l'achat de reproducteurs de la race suisse, dont le prix élevé serait augmenté des frais de voyage, de conduite, pour obtenir des animaux ne répondant qu'imparfaitement aux services auxquels ils seraient destinés. La défiance des acquéreurs sur ce point, constamment mise en éveil par le pelage particulier des animaux de la race suisse, en rendrait la vente difficile, et cette difficulté susciterait, dans les temps de pénurie des fourrages, des embarras qui en rendraient l'entretien onéreux.

Le desséchement des prairies trop humides, l'irrigation de celles qui sont trop sèches, une plus grande extension donnée à la culture des plantes fourragères, en permettant d'améliorer le régime des animaux, pourraient assurer le succès de ce croisement. Malheureusement, le métayage, par les difficultés qu'il oppose à l'exécution de ces améliorations, ne permet pas d'espérer que, de longtemps, l'état de l'agriculture réponde aux exigences de races améliorées. Cependant, malgré les entraves qu'il apporte aux progrès de l'agriculture, celle-ci ne peut rester stationnaire : dans l'arrondissement d'Angoulême, comme dans les autres contrées de la France, elle doit se ressentir de l'impulsion qu'y donnent les esprits sérieux qui en apprécient toute l'importance. Déjà, dans cet arrondissement, quelques propriétaires intelligents ont fait usage de la chaux pour amender des sols argileux ; quelques essais de drainage démontrent les bons effets de son emploi dans des terrains trop humides ; enfin, on apprécie de plus en plus la culture des plantes fourragères. Quoique lents à se généraliser, ces moyens d'amélioration n'en pénétreront pas moins peu à peu dans les masses. On doit profiter de cette tendance de l'agriculture vers un avenir meilleur, pour imprimer à la race limousine les modifications dont elle est susceptible, non pas en conseillant aux éleveurs de tenter, dès à présent, un croisement dont les résultats ne peuvent être que

5

malheureux, mais en leur enseignant les caractères à
rechercher dans les reproducteurs de la race commune, les règles qui doivent présider à la construction des bouveries, et enfin les moyens de mieux
nourrir les animaux.

CHAPITRE III

CHOIX DES REPRODUCTEURS. — BOUVERIES.
NOURRITURE.

L'influence que les reproducteurs exercent sur
la conformation, les aptitudes, le caractère, etc.,
de leurs descendants, explique l'importance que l'on
doit attacher à les bien choisir. Mais le choix des
reproducteurs, quelque judicieux qu'il soit, serait
insuffisant pour modifier une race, si, indépendamment de ce choix, on ne donnait aux produits des
soins convenables, et si la nourriture qu'ils reçoivent
n'était pas de nature, par sa quantité et sa qualité, à fixer, dans ces produits, les modifications
imprimées par les pères et les mères. Voilà pourquoi, dans ce chapitre, où nous nous proposons
d'étudier les moyens les plus propres à améliorer la
race limousine, nous nous attacherons à faire connaître les caractères que doivent présenter les reproducteurs de cette race, les changements confor-
mes à l'hygiène à opérer dans les bouveries et le
mode de nourriture auquel on doit soumettre les
animaux.

SECTION 1.

CHOIX DES REPRODUCTEURS.

A. CHOIX DU TAUREAU.

Parmi les animaux de race limousine soumis aux mêmes conditions, on préfèrera le taureau le plus fort, qui s'entretient dans le meilleur état de graisse, celui qui, en un mot, profite le mieux de la nourriture qu'il reçoit. Ce taureau devra avoir un poitrail bien ouvert, un garrot large, des côtes arrondies en arrière des épaules, un dos rectiligne du garrot à la croupe, des reins larges, des hanches peu saillantes, une queue bien attachée, s'élevant un peu au-dessus de la croupe; un ventre arrondi, ni trop gros, ni pendant; un flanc plein, court; des fesses et des cuisses bien fournies; des muscles descendant tout près de l'articulation du jarret et du genou; des membres nerveux, de grosseur moyenne, un peu courts et bien plantés; des articulations fortes; une tête courte, un front large, des yeux vifs, brillants; des cornes bien contournées, dont la pointe se dirige en avant et en haut; une peau ferme, souple, bien détachée; un poil lisse, brillant. Ce taureau devra encore être doux, maniable, aimer l'homme; car les vices de caractère se transmettent comme ceux de conformation. Les bœufs provenant de taureaux jeunes ont un accroissement plus rapide; les vaches donnent un lait plus abondant; les uns et les autres sont plus aptes à l'engraissement; mais, pour concilier ces qualités avec l'aptitude au travail que doivent présenter les animaux de race limousine, on ne livrera le taureau à la reproduction que lorsqu'il aura atteint l'âge de quinze à dix-huit mois, deux ans.

B. CHOIX DE LA VACHE.

Les vaches de race limousine péchant surtout par le rendement en lait, on doit choisir, parmi les vaches de cette race destinées à la reproduction, celles qui offrent les qualités lactifères les plus prononcées. Les caractères à l'aide desquels on peut connaître ces dernières, sont de deux ordres : les uns, généraux ; les autres, locaux.

1° Caractères généraux.

Ils sont fournis par la généalogie, les formes, l'état de la peau, etc.

Généalogie. — Les vaches bonnes laitières transmettent leurs qualités à leurs descendants toutes les fois qu'elles-mêmes sont issues de parents appartenant à une famille qui les présente ; il ne peut y avoir incertitude que dans le cas où une vache n'est bonne laitière que par exception à ses parents.

Formes. — Les formes sont un indice très incertain des qualités lactifères. On trouve de bonnes laitières parmi les vaches ayant des os saillants, des muscles grêles, des cuisses minces ; il en est même qui ont une poitrine étroite, dont les organes digestifs fonctionnent médiocrement, qui donnent un lait aqueux,

5.

il est vrai, mais abondant. Une bonne conformation néanmoins n'exclut pas toujours les qualités lactifères : les vaches de la race de Schwitz en sont un exemple. Mais si les formes qui plaisent le plus à l'œil, les formes arrondies, peuvent manquer chez les bonnes laitières, il en est d'autres sans lesquelles le lait ne peut être à la fois butyreux et abondant; d'autres qui influent autant sur la sécrétion des mamelles que sur l'aptitude à travailler ou à engraisser. Ces formes tiennent à l'état des organes digestifs et respiratoires. Un abdomen d'un volume moyen contient des aliments où peuvent s'accumuler des aliments en quantité suffisante, la digestion en sépare une plus grande quantité de chyle qui, se mêlant au sang veineux, doit subir avec celui-ci, par son contact avec l'air dans l'intérieur du poumon, des modifications après lesquelles il fournit aux organes en général les éléments de leur nutrition, et aux glandes en particulier les matériaux nécessaires à l'exercice de leurs fonctions. Plus le poumon sera développé, plus ces modifications nécessaires seront complètes. Le volume de cet organe étant en rapport direct avec la capacité de la poitrine, la capacité de cette cavité fera connaître le volume du poumon. Or, une poitrine ample se reconnaît à un poitrail saillant, large, ainsi que le garrot, le dos et les reins, qui doivent encore être sur une même ligne droite; à des côtes longues et d'une convexité bien prononcée en arrière des épaules.

Certains nourrisseurs considèrent comme un caractère de bonne laitière, une échancrure qui se pré-

sente vers le milieu du dos et résultant de l'écarte-
ment des apophyses épineuses des vertèbres.

La vache doit enfin avoir la peau souple, moelleuse,
le poil luisant, l'œil vif et doux, l'aspect féminin.

2° Signes locaux.

Ils tiennent à l'état du pis, au calibre des vaisseaux
veineux qui s'en échappent et à la partie de peau qui
le recouvre.

Pis. — Le pis doit être recouvert d'une peau mince
et souple, volumineux, d'une consistance molle et
égale, peu résistant quand on le comprime, diminuer
beaucoup par la mulsion, devenir, après cette opération, mou, flasque, et la peau, alors ridée, s'étendre beaucoup par la traction.

Veines. — Dans les bonnes laitières, les veines qui
rampent à la surface du pis, bien prononcées, se des-
sinent, sous la peau qui le recouvre, nombreuses,
disposées en zig-zag, grosses et variqueuses; elles
s'étendent même, comme l'a observé M. Magne (1),
chez quelques vaches, jusque sous la peau du périné,
où on les rend apparentes en pressant la peau en
travers, à la base de cette région.

Indépendamment de ces veines, il en existe deux
autres, appelées *sous-cutanées-abdominales* ou veines
lactées : elles s'échappent des angles antérieurs du
pis, se dirigent en avant en décrivant des ondulations,

(1) Voyez son intéressant traité sur le choix des vaches
laitières.

et se plongent dans l'intérieur du corps par des ouvertures improprement appelées *portes-du-lait* ou *fon-
taines*. Ces veines sont destinées à charrier la plus
grande partie du sang qui a fourni aux mamelles les
éléments de leur nutrition et de la sécrétion dont
elles sont le siége. Si cette sécrétion est très active,
l'afflu sanguin dans les mamelles est abondant, et une
voie plus large doit être ouverte à la colonne fluide,
plus considérable aussi, qui s'échappe par les veines
lactées. Le calibre de ces veines, en effet, est en rapport avec la sécrétion lactée : dans les génisses, elles
sont à peine apparentes; elles augmentent de diamètre chez les vaches qui ont fait plusieurs portées; ce
diamètre diminue chez celles qu'on a laissé tarir depuis un certain temps et qui sont dans un état de plé-
nitude assez avancé; ce rapport est tel, enfin, que si
les mamelles d'un des côtés du pis, par suite d'indu-
ration ou autre affection, sécrètent moins de lait que
celles du côté opposé, la veine correspondante aux
mamelles malades est moins volumineuse que celle
qui correspond aux mamelles du côté opposé. Chez
les bonnes vaches laitières, les veines lactées se bifur-
quent antérieurement, sont volumineuses, fortement
variqueuses à leur origine, décrivent des angles nombreux, et les ouvertures par lesquelles elles pénètrent
sont largement ouvertes. Ces ouvertures peuvent même fournir de très bonnes indications pour connaître
le véritable calibre des veines lactées chez les vaches
sèches de lait; car, à cette époque, ces ouvertures
ne diminuant pas sensiblement de diamètre, on peut,

en y introduisant le doigt, juger de celui-ci et par suite du calibre des veines.

La généalogie des vaches est, le plus souvent, ignorée des acquéreurs; les formes n'offrent que des indices incertains de leurs qualités lactifères ; les veines que nous avons étudiées, ne sont visibles qu'après un premier vêlage, et encore quelques-unes ne sont apparentes que pendant les périodes de lactation. L'éleveur n'est ainsi conduit dans le choix des *velles* à conserver que par des indications vagues ; il sacrifie souvent à la boucherie celles qui offrent le plus d'avenir quant au rendement en lait, pour conserver les *velles* qui, par leur produit, ne l'indemnisent pas des dépenses auxquelles l'a entraîné leur élevage.

Système Guénon. — On comprend, d'après ce qui précède, la sensation qu'a dû faire, dans le monde agricole, la découverte de la valeur de nouveaux signes, dont la connaissance approfondie, d'après M. Guénon, permet non-seulement de « choisir, à coup sûr et à toutes les époques de la vie, même quelques jours après la naissance, les vaches qui donneront le plus de lait et le conserveront le plus longtemps pendant une nouvelle gestation, » mais encore qui font connaître « la qualité du lait, s'il sera riche en crème et en beurre (1). » Ces signes, dont personne avant lui n'avait soupçonné les rapports avec la sécrétion lactée, s'appellent *écussons* et *épis*.

(1) GUÉNON. *Traité des vaches laitières*, 3e édition, p. 18.

Les *écussons* sont des plaques de poils d'une nuance matte, qui, au lieu d'avoir une direction de haut en bas, comme dans les autres parties du corps, se dirigent de bas en haut. Ils partent du milieu des quatre trayons, s'étendent sur la surface interne des cuisses et montent sur le périné jusqu'à la vulve. L'étendue en est porportionnelle aux qualités lactifères, et leurs formes variées ont servi à M. Guénon à établir les dix classes en lesquelles il divise les vaches laitières.

Les noms de ces classes ne trouvent d'étymologie ni dans la langue grecque ni dans la latine; ils rappellent, ceux des races qui les présentent le plus ordinairement, de celles chez lesquelles M. Guénon les a observées pour la première fois, certaines figures géométriques, ou donnent l'idée d'objets avec lesquels l'auteur leur a trouvé le plus de ressemblance. La première comprend les vaches flandrines; la deuxième, les flandrines à gauche; la troisième, les lisières; la quatrième, les courbelignes; la cinquième, les bicornes; la sixième, les doubles-lisières; la septième, les poitevines; la huitième, les équerrines; la neuvième, les limousines; la dixième, les carrésines.

Chacune de ces classes comprend trois sections : l'une, pour les vaches de grande taille (elles pèsent de 300 à 350 kilogr.); l'autre, pour les vaches de taille moyenne (du poids de 200 à 250 kilogr.); la troisième, les vaches de petite taille (elles pèsent de 100 à 150 kilogr.).

Les épis sont des touffes de poils *montants* ou *des-*

cendants qui tranchent sur le poil descendant ou montant des parties où ils se rencontrent.

Les noms de ces épis sont tirés de leurs formes, de leurs attributions ou des places qu'ils occupent.

Ils sont au nombre de sept : 1o l'épi ovale, 2o l'épi fessard, 3o l'épi babin, 4e l'épi vulvé, 5o l'épi bâtard, 6o l'épi cuissard, 7o l'épi jonctif.

M. Guénon, appréciant les modifications que les épis apportent dans les écussons et combinant leur valeur respective, a divisé chaque classe de sa méthode en six ordres désignés par leur ordre numérique.

Quelle que soit la classe à laquelle appartiennent les vaches, elles peuvent être d'excellentes laitières; les ordres, seuls, servent à établir des différences dans le rendement lactifère. Celles du premier ordre de chaque classe sont meilleures que celles du deuxième; celles du deuxième meilleures que celles du troisième, et ainsi de suite jusqu'au sixième.

Quant à la valeur des épis, elle peut être résumée ainsi :

L'épi ovale, situé en arrière et au-dessus des deux trayons postérieurs, se rencontre dans les premiers ordres de toutes les classes, à l'exception de celle des doubles-lisières.

Les épis fessards, qui se trouvent à droite ou à gauche de la vulve ou des deux côtés à la fois, lorsqu'ils n'ont une hauteur que de 5 à 7 centimètres sur 1 centimètre de large. « indiquent, dit M .Guénon, la propriété qu'a l'animal de conserver son lait pendant la gestation. » Ils manquent seulement dans la classe des flandrines.

Les autres épis empiètent sur différents points de la surface de l'écusson dont ils diminuent l'étendue et indiquent conséquemment une diminution dans le rendement lactifère.

L'épi ovale situé sur la ligne médiane de l'écusson, et l'épi fessard avec plus d'extension que celle sus-indiquée, caractérisent les bâtardes, ordre de vaches que M. Guénon joint aux six autres de chaque classe. Ces vaches perdent leur lait immédiatement ou peu de temps après le part. Elles peuvent appartenir à des ordres différents, donner des quantités de lait variables, mais toujours pendant un temps fort court.

Les taureaux présentent, comme les vaches, des écussons et des épis qui indiquent les qualités lactifères des vaches qu'ils engendrent. Les écussons sont moins étendus que chez les vaches, mais ils affectent les mêmes formes, les mêmes variations. Ils ont, comme les vaches, été divisés en dix classes. Pour simplifier sa méthode, M. Guénon n'a divisé chaque classe qu'en trois ordres, laissant à chaque observateur, qui voudrait procéder avec plus de rigueur, le soin d'appliquer au taureau la classification qu'il a consacrée aux vaches. Les taureaux du premier ordre sont appelés *bons;* ceux du second, *médiocres;* ceux du troisième, *mauvais.*

Valeur pratique de la méthode Guénon. — On ne peut contester les rapports des écussons et des épis

avec la sécrétion lactée. Les divisions que M. Guénon
a établi dans la méthode qui repose sur le système
des écussons et des épis, peuvent guider dans l'appréciation de la valeur de ces derniers; mais ces divisions sont trop multipliées. La mémoire fait souvent défaut à ceux qui, en étudiant cette méhode,
ont à se souvenir des caractères qui distinguent les
classes et les ordres. D'ailleurs les différences qui
existent entre eux ne sont pas toujours assez tran-
chées pour être appréciables. Il suffit, pour s'en con-
vaincre, de jeter les yeux sur le tableau de classification dont M. Guénon fait suivre sa méthode ; on ju-
gera bientôt des difficultés que l'on doit avoir, dans
la pratique, à distinguer, par exemple, le sixième
ordre des flandrines à gauche et le sixième des lisières; le quatrième ordre du cinquième des vaches de
cette première classe, etc. M. Guénon, dont la vie
entière a été employée à l'étude de ces caractères,
peut trouver sa méthode simple dans son exposé et
dans son application, mais l'élève y trouve des difficultés qui ne peuvent être surmontées que par la sa-
gacité, l'esprit d'observation et la longue expérience
de M. Guénon.

Les chiffres indiquant la quantité de lait que donnent les vaches, bien qu'approximatifs, donnent l'i-
dée d'une exactitude autant démentie par les faits que
contraires aux lois de la physiologie, la race des vaches, le climat, la nourriture qu'elles reçoivent, le
travail auquel elles sont soumises, le nombre des
portées qu'elles ont faites, etc., pouvant faire varier

6

les produits de la sécrétion lactée, sans modifier en rien les dimensions des écussons et des épis.

Il en est de même de la durée de la lactation.

Si M. Guénon se fût contenté de diviser sa méthode seulement en classes, que, d'après l'étendue de l'écusson et les modifications exercées par les épis, il eût divisé les vaches de chaque classe, comme les taureaux, *en bonnes, médiocres* et *mauvaises*, il l'aurait ainsi beaucoup simplifiée et rendue d'une application plus facile.

Quoi qu'il en soit, la découverte de M. Guénon, dégagée des complications que comporte sa méthode, est digne de fixer l'attention des cultivateurs; elle fournit un signe de plus à ceux qui ont à faire choix d'une bonne vache laitière, et peut guider l'éleveur dans la préférence qu'il doit accorder aux animaux qu'il se propose d'élever.

SECTION II.

BOUVERIES.

L'ouest étant trop humide et le nord trop froid, les bouveries doivent être exposées à l'est ou au midi.

Elles reposeront sur un terrain de nature siliceuse ou calcaire. Le terrain de nature argileuse conservant longtemps l'humidité et laissant sans cesse dégager des vapeurs, dans le cas où les commodités du service obligent à asseoir les bouveries sur de l'ar-

gile, on enlève celle-ci à une profondeur de 4 à 5 dé-
cimètres et on la remplace par du sable.

Quelle que soit la nature de la couche de terre for-
mant l'aire des bouveries, cette aire s'élèvera au-dessus du niveau du sol environnant. Si la disposition
du lieu rend cette précaution impossible, on entoure
le bâtiment d'un fossé, qui donne aux eaux un facile
écoulement. On empêche ainsi l'humidité du sol de
pénétrer les murs et d'entretenir, dans les bouveries,
une fraicheur qui occasionne différentes maladies.

Bien que battu, le sable, la terre ou l'argile ne
forme jamais une croûte assez solide pou empêcher
les urines d'y pénétrer. L'aire des bouveries, ainsi ra-
mollie, se creuse à la longue sous les pieds des animaux, et sa surface inégale en rend pénible la sta-
tion comme le décubitus; elle s'imprègne d'urines
qui, en se putréfiant, deviennent une cause d'insalubrité. Les aires pavées sont préférables, mais le pavé
lui-même n'est pas sans inconvénient, selon les ma-
tières dont il est formé. D'après M. Magne (1), les
grandes dalles sont froides et occasionnent souvent
des glissades; le bois se pénètre d'humidité, devient
glissant, les cailloux forment un sol inégal qui fati-
gue les animaux, comprime les pieds, peut fausser
les aplombs; ils laissent entre eux des interstices dont
le nettoiement est difficile; les urines, les fumiers s'y
accumulent et laissent dégager des émanations insa-
lubres. Mieux valent les briques d'une grande épais-

(1) *Principes d'agriculture*. p. 677 et 678.

seur et placées de champ; elles forment une aire solide, unie, sans être glissante, facile à nettoyer et à
laquelle il est facile de donner une inclinaison convenable.

Cette inclinaison facilite l'écoulement des urines
dans une rigole qui doit être pratiquée derrière les
bêtes et à l'aide de laquelle on les conduit dans une
fosse à purin située en dehors des bouveries. Cette inclinaison peut varier de 1 à 2 centimètres par mètre :
plus grande, elle rend l'appui des animaux pénibles
en les obligeant à se tenir sur les pinces; elle prédis-
pose les vaches pleines à l'avortement et aux renversements du vagin et de l'utérus.

La poussière et les graines qui tombent du fenil,
presque toujours situé au-dessus des bouveries, irri-
tent la peau, occasionnent des démangeaisons, des
maladies cutanées, des ophthalmies en tombant dans
les yeux, ou des affections de poitrine en pénétrant
dans les voies respiratoires; les vapeurs humides et
ammoniacales qui se dégagent des fumiers, altèrent
les fourrages. Pour remédier à ces inconvénients, on
a conseillé, pour le plafond des bouveries, des voûtes
en pierres ou en briques. Mais ces voûtes sont beaucoup trop coûteuses. Les bouveries ainsi voûtées sont
fraîches en été, trop chaudes et trop humides en hiver. On ne peut espérer que l'usage des plafonds se
généralise : les cultivateurs, dont les habitations sont
si négligées, ne peuvent apporter autant de soins à
celles de leurs animaux. Les planches bien jointes
sont suffisantes. Beaucoup de cultivateurs les ayant à

leur disposition, n'ont à tenir compte que de la main-d'œuvre. On passe quelques couches de goudron sur le bois, on le saupoudre de gravier ou de sable pour empêcher les émanations de le pénétrer. A défaut de plancher, le plafond des bouveries peut être formé de claies supportées par des solives et garnies dessus et dessous de paille pétrie et délayée avec de la terre glaise.

La hauteur du plafond doit être de trois mètres et même davantage pour les bouveries destinées à loger un grand nombre d'animaux.

Les bouveries doivent être assez vastes pour que les animaux puissent se coucher, étendre leurs membres, reposer à l'aise; chaque tête exige un espace d'environ 2 mètres 70 centimètres de longueur sur 1 mètre 30 centimètres de largeur. Il faut, en outre, à l'espace laissé libre derrière les animaux, pour la sortie des fumiers et les différents besoins du service, une largeur de 1 mètre à 1 mètre 33 centimètres.

La chaleur produite par le corps des animaux échauffe l'air des bouveries. Un air chaud peut convenir aux bœufs que l'on engraisse et aux vaches laitières, mais il est nuisible aux jeunes animaux que l'on élève et aux bœufs de travail : il altère la constitution des premiers; il rend les seconds mous, faibles, et les expose à des maladies par les changements de température trop brusques qu'ils éprouvent en sortant des bouveries, en hiver, pour être conduits à l'abreuvoir ou au travail. La température des bouve-

6.

ries doit être modérée : trop basse, les animaux souffrent du froid, mangent beaucoup plus et la nourriture leur profite moins. Si un air chaud convient,
dans certains cas, aux animaux, jamais il ne doit
être altéré par les gaz et la vapeur animale provenant
de la respiration et des exhalaisons de la peau des
animaux, ou vicié par l'évaporation de l'urine et la
fermentation des fumiers. Les vapeurs animales qu'il
contient alors, sous l'influence de la chaleur et de
l'humidité, se putréfient, et, introduites de nouveau,
par la respiration, dans les voies respiratoires, elles
exercent sur l'économie des effets funestes.

On règle la température des bouveries et l'on en re-
nouvelle l'air, au moyen de portes et de fenêtres pratiquées dans les murs latéraux, mais de telle façon que
les animaux ne reçoivent pas les courants d'air que
l'on doit pouvoir établir entre elles. Les portes larges,
s'ouvriront à deux battants. Si le plafond est assez
élevé, on pratiquera près de celui-ci des fenêtres
plus larges que hautes, munies de châssis tournant
autour d'un axe fixé près de leurs bords inférieurs, et
s'ouvrant et se fermant, par leurs bords supérieurs,
au moyen d'une corde et d'une poulie. Si l'on ne
peut pratiquer ces fenêtres, elles seront avantageusement remplacées par des barbacanes que l'on fermera
à volonté, et une cheminée d'appel, construite en
planches, évasée à son origine en forme d'entonnoir
et s'élevant du plafond des bouveries au-dessus des
toits. On placera ces cheminées dans un endroit des
bouveries où les animaux ne puissent être incommo-

dés par la vapeur d'eau qui, après s'y être conden-
sée, tombe sous forme de gouttelettes.

Les fenêtres doivent être munies de paillassons que
l'on abat à volonté pour éviter, en été, une lumière
trop vive ou les rayons du soleil qui incommodent
les animaux en favorisant la piqûre des insectes ailés.

Les auges sont les meilleures mangeoires pour les
bœufs : celles dont le fond est formé par le mur sur
lequel elles reposent, se détériorent promptement,
deviennent difficiles à nettoyer ; on doit avoir soin de
les garnir de planches, ou, mieux encore, de les cons-
truire entièrement en pierres pour les animaux qui
reçoivent des aliments liquides. Dans ce dernier cas,
le fond doit en être arrondi, pour que les animaux
les vident plus facilement, et pourvu d'une ouverture
qui en rende le nettoyage plus facile. Les colonnes en
bois que supportent l'un de leurs bords seront, les
deux correspondantes à chaque animal, assez écartées pour permettre aux animaux un passage facile de
la tête ; celles intermédiaires plus rapprochées, pour
empêcher chaque animal d'empiéter sur la ration de
son voisin.

Il arrive quelquefois que l'on adapte des râteliers à
ces auges ; ils obligent les animaux à manger leurs
rations sans triages qui occasionnent beaucoup de dé-
chet ; mais les barreaux dont ils sont munis doivent
avoir une direction verticale et être assez écartés pour
que les animaux prennent promptement leurs repas.
Trop élevés, les râteliers obligent les vaches à élever
la tête, et cette position forcée peut occasionner des

avortements ou des renversements du vagin et de l'utérus ; ils rendent les veaux ensellés.

SECTION III.

NOURRITURE.

Une nourriture abondante, de bonne qualité, convenablement administrée, doit être appelée à jouer le principal rôle dans l'amélioration d'une race. Tels sont les effets qu'une bonne nourriture exerce sur l'organisme, que, seule, elle suffirait, à la longue, pour imprimer aux animaux toutes les modifications qu'ils sont susceptibles d'acquérir ; « tandis que, sans une nourriture convenable, tous les autres moyens sont inefficaces ou ne produisent que des effets passagers (1). »

Que l'éleveur soit d'ailleurs bien pénétré de cette idée, qu'il ne peut avoir avantage à nourrir ses animaux avec parcimonie ; maigres, rabougris, mal conformés, ils manquent d'acquéreurs, ou ne peuvent être vendus qu'à des prix très réduits. S'ils sont convenablement nourris, au contraire, ils ont une croissance plus rapide ; ils peuvent être soumis plus tôt au travail, les génisses fécondées à un âge moins avancé. Ils prennent plus de taille et d'étoffe ; leurs

(1) MAGNE. *Traité d'hygiène vétérinaire appliquée*, t. 1, p. 184.

saillies osseuses s'effacent sous des muscles plus volumineux, ils sont d'un meilleur tempérament, capables de rendre de meilleurs services. De semblables animaux deviennent un objet de convoitise de la part des acquéreurs, la vente en est plus facile, et l'éleveur, pouvant les vendre plus tôt, a moins de chance de mort à encourir.

Ainsi, au point de vue de l'amélioration d'une race, comme au point de vue des intérêts de l'éleveur, celui-ci a intérêt à bien nourrir ses animaux.

Nourriture d'été. — Le mode de nourriture auquel on doit accorder la préférence est la *stabulation*. « Il passe avec raison, dit M. Moll (1), pour le plus perfectionné. Quoique nécessitant des dépenses et des soins plus grands que la nourriture au pâturage, il offre, sous le rapport de la production du fumier, un avantage si grand sur les autres méthodes, qu'il a été adopté généralement par tous les bons agriculteurs. Aujourd'hui, des localités entières n'ont plus d'autre mode de nourriture du gros bétail, et cette adoption a permis d'y entretenir un nombre infiniment plus grand d'animaux que celui que permettait d'entretenir la nourriture au pâturage. Cette méthode permet effectivement de nourrir une tête de bétail sur le plus petit espace de terrain possible; non-seulement parce qu'une portion de la nourriture n'est pas gâtée avec les pieds, comme dans le pâturage ordinaire, mais encore parce que le surcroît considérable de fu-

(1) *Maison rustique*, t. II, p. 472.

mier que l'on obtient par cette méthode, permettant de fumer parfaitement les terres, en augmente le produit dans une très forte proportion. A l'exception des localités où l'agriculture proprement dite n'est qu'un accessoire, et de celles où les fourrages artificiels susceptibles d'être fauchés ne réussissent point, la stabulation d'été du gros bétail doit devenir partie intégrante de toute bonne culture, et les pâturages, soit naturels, soit artificiels, si l'on trouve de l'avantage à en conserver, seront abandonnés aux moutons.

« Du reste, le problème de la stabulation d'été du gros bétail est depuis longtemps résolu d'une manière satisfaisante, sous le rapport de la production des fourrages comme sous celui de la santé des animaux.

« Partout où viennent le trèfle, la luzerne, le sainfoin ou les vesces, on peut nourrir à l'étable.

« Quant aux bêtes elles-mêmes, elles se font très bien à la stabulation, et n'en éprouvent aucun inconvénient lorsque l'étable est vaste, aérée, proprement tenue, et qu'on a soin de les mener boire à quelque distance, ou mieux encore de les tenir, pendant une partie du jour, soit dans une cour, soit sur un tas de fumier peu élevé au-dessus du sol et entouré de barrières. Cette dernière méthode, généralement pratiquée en Saxe, nous a semblé être la meilleure, aussi bien pour le bétail que pour le fumier, qui s'améliore sensiblement par l'effet du piétinement des animaux et s'accroît de tous les excréments qu'ils y déposent et qu'on n'a pas la peine d'y transporter... »

La nourriture d'été, à l'étable, est celle qui éloigne

le plus les animaux de l'état de nature. On doit remédier aux maux qu'elle entraînerait, en donnant au
bétail les aliments auxquels, par instinct, ils accordent la préférence. Or, l'avidité avec laquelle ils recherchent, pendant le cours de la belle saison, les
aliments verts, peut être considérée comme l'expres-
sion d'un besoin réel. La grande quantité de fluides
que ces aliments contiennent remplace ceux que les
animaux perdent par l'exhalation de la peau, des pou-
mons, la sécrétion urinaire et la laiteuse. Ils rafraî-
chissent les animaux, entretiennent les solides et les
liquides dans l'état d'équilibre nécessaire à la santé, et,
en fournissant au sang une partie de la sérocité dont
ce fluide a besoin, les animaux souffrent moins de
la soif, prennent des boissons en moins grande quantité à la fois, et ne sont pas ainsi exposés aux accidents qui peuvent résulter de l'ingestion dans l'estomac d'une trop grande quantité d'eau froide. Les
aliments verts enfin sont d'une digestion plus facile
que les aliments secs, et ils activent la sécrétion laiteuse des vaches.

Pour la stabulation du bétail, on doit donc, avant
tout, se mettre en mesure de pouvoir lui donner des
aliments verts pendant tout le cours de la belle saison. Cette nécessité oblige à en cultiver une plus
grande quantité que pour les cas ordinaires; mais
il est facile de faire face aux besoins, en cultivant
différents fourrages qui fournissent des coupes successives.

On consacrera à cette culture quelques ares de terrain, choisis parmi ceux qui sont le plus rapprochés des bâtiments de la ferme et qui, par leur nature, s'y prêtent le mieux. Les fourrages destinés à être mangés en vert peuvent ainsi être coupés au fur et à mesure que les animaux en ont besoin ; le transport est moins long, il y a économie d'un temps qui peut être avantageusement employé aux autres travaux de la ferme.

Dès le commencement de l'automne, on sèmera, de quinze jours en quinze jours, du seigle, de l'avoine, mêlés à des vesces. Par leur précocité, ces plantes permettent de soumettre les animaux au régime du vert dès le commencement du printemps. La luzerne, semée dans une terre profonde et exempte d'humidité, fournira une première coupe qui peut précéder celle des plantes annuelles dont nous venons de parler. Les coupes ultérieures donneront un fourrage aussi abondant que de bonne qualité. On accordera une large part à la culture du trèfle. Le maïs, qui entretient en bon état même les animaux de travail, sera semé en plusieurs fois, de manière à être bon à couper entre les coupes de trèfle et de luzerne.

Vers le mois d'octobre, on pourra utiliser les feuilles de betteraves, de choux-raves, de navets et de rutabagas, qui commencent de se faner. Celles qui sont encore vertes ne doivent servir à la nourriture du bétail qu'après l'arrachage de la racine. En enlevant ces feuilles plus tôt, on nuirait à la racine, et cet inconvénient ne serait pas compensé par les produits que les feuilles fourniraient comme fourrages, celles de la betterave surtout étant très peu nutritives.

Ces feuilles pourront servir à éviter le changement trop brusque, chez les animaux, du régime vert de l'été au régime plus sec de l'hiver.

Précautions à suivre pour les animaux soumis au régime du vert. — On distribuera aux animaux les fourrages verts que l'on vient de couper. Si la quantité en est trop considérable, l'excédant doit être placé dans une décharge, en couches assez minces pour en éviter la fermentation. Cette précaution convient surtout pour les fourrages fortement aqueux; ils perdent une partie de l'eau dont ils sont imprégnés, et deviennent ainsi plus nourrissants.

Pendant longtemps on a attribué les météorisations qu'occasionnent quelquefois le trèfle et la luzerne à ce qu'ils étaient mouillés par l'eau de pluie ou de rosée. Aussi avait-on le soin de laisser ces fourrages, après qu'ils étaient coupés, fermenter ou exposés au soleil pendant un certain temps; mais l'expérience a appris que la luzerne et le trèfle mouillés sont moins dangereux que lorsqu'ils ont subi un commencement de dessiccation. « Si cela pouvait s'accorder avec la distribution du travail, dit M. Villeroy (1), je ne ferais faucher le trèfle vert que le matin, à la rosée, et le soir, au coucher du soleil. Dans les premières années de la culture de ma ferme, pauvre en fourrages, j'ai été quelquefois forcé de faire pâturer, à

_____

(1) *Manuel de l'Éleveur de Bêtes à cornes*, p. 173.

l'automne, des trèfles trop petits pour être fauchés ;
plusieurs fois mes vaches ont gonflé, mais toujours
après midi, par un temps sec, et jamais le matin......
Quant au trèfle mouillé de pluie ou de rosée, je puis
affirmer que pas une fois il ne m'a causé un accident,
quoique mes bêtes en mangent autant qu'elles en
peuvent manger. »

On ménagera le changement de régime des animaux, qu'on les fasse passer du régime sec au régime
vert, ou réciproquement. Si ce changement est trop
brusque, sans transition ménagée, la santé des animaux peut en être altérée. Dans les premiers jours
que l'on donnera des fourrages verts aux animaux, on
aura le soin de les mêler à des fourrages secs, tels
que foin, regain, paille, etc. La proportion des fourrages verts qui entreront dans les rations sera d'abord
peu considérable, puis on l'augmentera peu à peu,
de telle sorte qu'après une quinzaine de jours, on
pourra ne donner aux animaux que des fourrages
verts. Néanmoins, il n'y aurait pas d'nconvénient à
continuer à les mélanger avec des fourrages secs.
C'est même un moyen de faire manger aux animaux
la paille qu'ils dédaignent lorsqu'on la leur donne
seule, et d'économiser des aliments d'une plus grande
valeur.

Les fourrages verts, tels que le trèfle et la luzerne,
qui peuvent occasionner des indigestions, ne doivent
être distribués que par petites rations ; il est même
avantageux de suivre cette précaution pour l'administration des autres fourrages : les animaux les gas-

pillent moins; leur appétit est excité par la présence de nouveaux aliments sur lesquels ils n'ont pas soufflé.

La quantité de fourrages verts à donner à chaque animal varie selon la valeur nutritive de ces derniers. Ceux qui croissent dans des lieux humides, d'une végétation active, longs, aqueux, sont moins nourrissants que ceux qui sont dans des conditions opposées. En général, l'appétit des animaux peut être considéré comme le seul guide à suivre.

Les bêtes peuvent faire trois repas, et elles ne seront conduites à l'abreuvoir que deux fois le jour, avant le repas de midi et le repas du soir. D'ailleurs, soumises au régime du vert, elles boivent peu et ne souffrent pas de la soif.

Nourriture d'hiver.—En nourrissant le bétail, pendant la belle saison, des plantes fourragères dont nous venons de parler, on conservera pour l'hiver le foin des prairies naturelles, le sainfoin fané, quelques autres légumineuses qui n'ont pu être mangées vertes, les regains qui n'ont pas été livrés au pâturage, une partie des pailles de gesses, de vesces, de pois, des graminées, telles que le froment, l'avoine. La paille de maïs, les balles forment un supplément qui pourra être avantageusement employé à la nourriture du bétail. Les pailles donnent ainsi moins de fumier qu'employées à la litière; mais la perte qu'on éprouve est plus que compensée par le lait et la viande qu'elles produisent. Lorsque les circonstances le permettent, il est d'une économie bien entendue de consacrer ces pailles au premier usage, et de n'employer pour litière que des feuilles d'arbres, de bruyères.

Quelques racines de la famille des crucifères, les raves, les navets, le rutabaga, les feuilles de choux, conviennent aux ruminants. Les raves activent la sécrétion du lait, mais elles sont peu propres à produire de la graisse. Pouvant occasionner la diarrhée aux animaux qui en mangent abondamment, on ne doit les donner qu'avec modération. Il en est de même des choux à l'égard des vaches, dont le lait est vendu en nature, à cause de la saveur désagréable qu'ils communiquent à ce liquide.

La pomme de terre forme une excellente nourriture pour le bétail. Malheureusement, la maladie qui sévit sur ce tubercule depuis quelques années en diminue beaucoup le produit. Elle peut assez avantageusement être remplacée par le topinambour. Celui-ci rend les bœufs de travail mous, faibles ; mais il active la sécrétion du lait chez les vaches et pousse les bêtes à l'engraissement.

La betterave est très bonne pour les bœufs et les vaches ; elle est une ressource précieuse pour l'hivernage des ruminants, auxquels elle donne du lait et de la graisse.

Préparation des substances alimentaires. — Parmi les substances alimentaires que nous venons de signaler comme pouvant servir à la nourriture du bétail pendant l'hiver, il en est, comme les pailles de maïs, qui sont trop dures ; d'autres, comme la

pomme de terre crue, qui possèdent un principe insalubre ; il en est enfin, comme les pailles de graminées, que quelques animaux refusent. En faisant
subir à ces différentes substances des préparations
convenables, on les rend plus nourrissantes et plus
saines ; les animaux les recherchent davantage, et
l'on peut tirer parti de toutes les ressources dont on peut
disposer pour la nourriture d'hiver du bétail. La division et la cuisson remplissent ce but. Mais la cuisson exige un temps et des frais de combustible qui
la font négliger par beaucoup de cultivateurs. On
peut arriver, par la fermentation, aux mêmes résultats que par la cuisson, et cela sans les frais auxquels
entraîne cette dernière. Après avoir coupé la paille et
divisé la racine, on en forme un mélange que l'on
arrose d'eau dans une caisse. On peut ajouter au mélange, de la farine, du son et une certaine quantité de
sel marin. La caisse placée dans une atmosphère
tempérée ou un peu chaude, comme celle des bouveries, la masse s'échauffe, subit un commencement
de fermentation qui, au bout de trois jours, lui donne
une saveur un peu aigre. C'est alors qu'on la distribue aux animaux. Pour en avoir tous les jours, quatre caisses sont nécessaires : une est vidée et l'autre
remplie journellement.

Ces préparations cependant ne pouvant former
l'unique nourriture du bétail ; il est indispensable
d'y ajouter de la paille, du foin, du regain.

7.

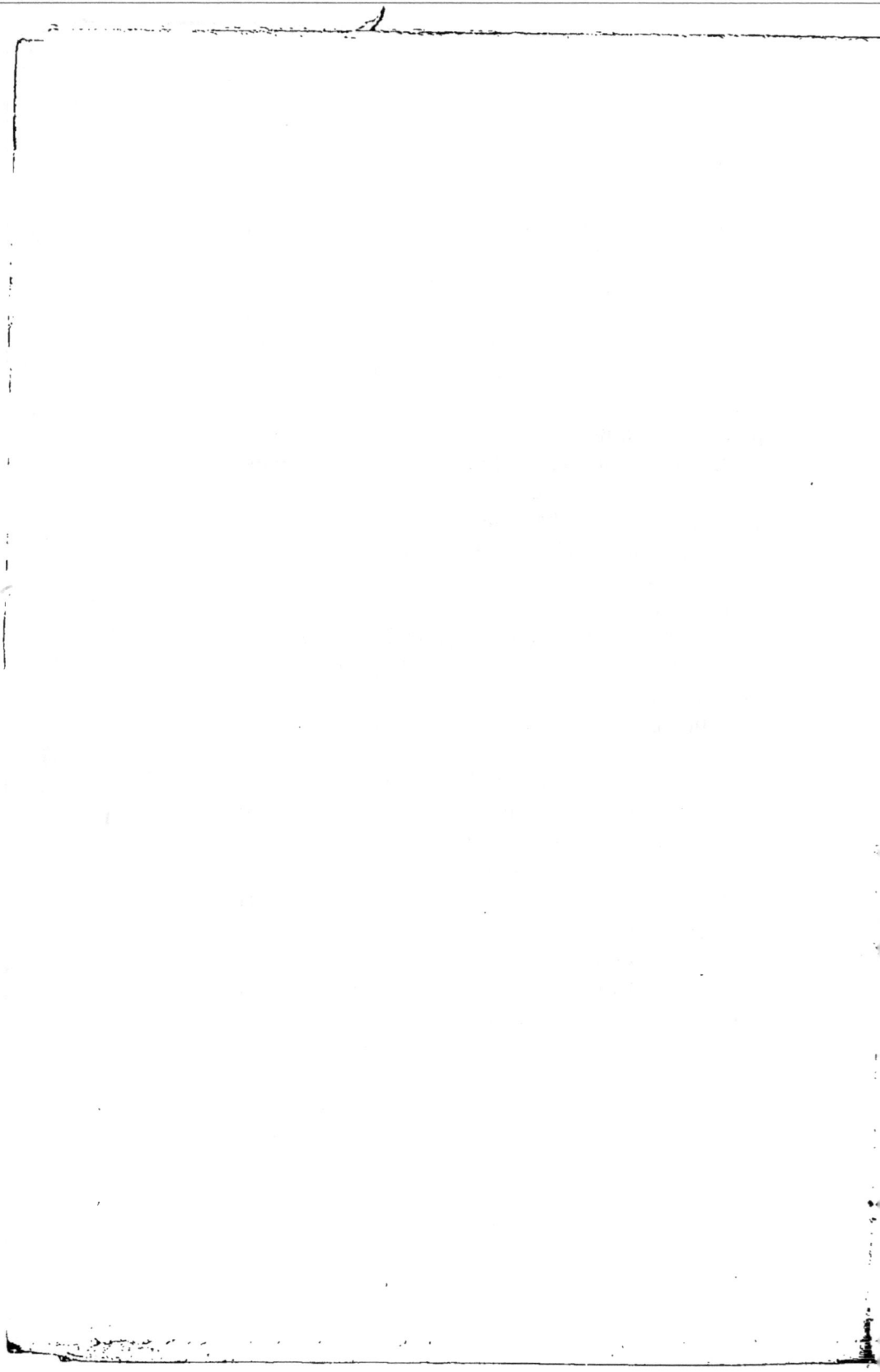

CONCLUSION.

Les animaux de l'espèce bovine, dans l'arrondissement d'Angoulême, sont employés au travail, puis soumis à l'engraissement. La laiterie n'est l'objet d'une spéculation que pour quelques cultivateurs qui se trouvent dans des conditions exceptionnelles.

Le bœuf de travail non-seulement s'impose comme une nécessité dans cet arrondissement, mais encore il y a avantage à l'employer à cet usage de préférence au cheval pour les travaux de l'agriculture.

La race bovine du Limousin, sobre, rustique, très apte au travail, prenant la graisse avec assez de facilité, répond aux services auxquels elle est destinée; mais les animaux de cette race pèchent par quelques vices de conformation, et les vaches sont mauvaises laitières.

On ne peut améliorer cette race en la croisant avec celle de Schwitz, l'état de l'agriculture ne répondant pas aux exigences des descendants de cette race étrangère : les produits issus de ce croisement auraient moins d'aptitude au travail que les animaux de la race commune; les vaches même, sous l'influence du climat et du travail auquel elles seraient soumises, n'offriraient pas, après plusieurs générations, un rendement en lait supérieur à celui des vaches limousines.

Il est préférable, pour améliorer cette race commune, de faire, parmi les animaux qu'elle présente, un meilleur choix de reproducteurs, d'apporter aux bouveries des modifications qui les rendent plus salubres, et de donner aux animaux une nourriture plus abondante et de meilleure qualité que celle qu'ils reçoivent.

APPENDICE.

———

ENGRAISSEMENT.

Nous avons indiqué les causes qui font de l'engraissement une opération peu lucrative. Il est cependant un moyen de tirer parti des bœufs sur la croissance desquels on n'a plus à spéculer et des vaches trop âgées pour la reproduction. Par l'engraissement, on obtient des engrais en plus grande quantité et de meilleure qualité; les terres, mieux fumées, donnent des produits plus abondants. Les avantages qu'il offre, sous ce rapport, quoique indirects, n'en sont pas moins certains. Si l'on ne peut remédier à toutes les causes qui peuvent rendre l'engraissement onéreux, on doit observer les règles qui, en assurant la réussite de cette opération, diminuent les dépenses auxquelles elle entraîne. Voilà pourquoi nous soumettons celles qui suivent à nos lecteurs.

⸾ I.

CHOIX DES ANIMAUX.

C'est lorsque les bœufs ont atteint l'âge de sept à
huit ans qu'on doit les soumettre à l'engraissement :
ils ont alors atteint tout leur accroissement; mais, encore jeunes et vigoureux, ils sont dans les conditions
les plus favorables à cette opération : « Ils mangent
beaucoup, écrasent bien leur nourriture, la digèrent
parfaitement, et tous les principes ingérés sont employés à la production de la graisse. Les muscles qui,
de tous les organes du corps, sont les plus estimés
comme viande, sont presque les seules parties qui augmentent de volume, tandis que dans les individus qui
n'ont pas encore acquis tout leur développement,
une partie des aliments est employée à l'accroissement des os, du poumon, du foie, de la rate, etc.;
toutefois, il ne faut pas oublier que la grande activité
dont jouissent les fonctions digestives dans la jeu-
nesse, contribue puissamment à faire produire à la
nourriture consommée par les animaux dans les premières années de la vie, un résultat assez grand
pour compenser ce qui est absorbé par les parties qui,
comme viande, ont peu de valeur. Les animaux
vieux, dont les dents sont usées, les organes digestifs faibles, ceux qui ont le tissu dur, paient rarement bien leur nourriture et fournissent, dans tous

les cas, une viande qui est loin d'être de première qualité (1). »

Les engraisseurs rechercheront les bœufs ayant l'œil vif et doux, le corps long, un poitrail bien ouvert, un dos large et droit, des hanches écartées, une côte ronde, le ventre également rond et abattu, les cuisses et les épaules charnues, les jambes courtes, la peau souple, moelleuse, bien détachée des tissus sous-jacents, et la veine, qui est entre l'épaule et les côtes, très volumineuse.

La taille importe peu : qu'un quintal de viande soit produit avec un gros bœuf ou un petit, le prix de revient en reste le même.

Quelques maladies incurables, le tempérament, étant la cause de la maigreur que présentent quelquefois les animaux, on doit être circonspect dans l'achat de ceux qui sont très maigres. On ne doit s'y décider qu'autant que la cause de cette maigreur étant connue, on peut l'attribuer à l'excès de travail ou à l'insuffisance de nourriture. Encore, dans ce dernier cas, les animaux consomment beaucoup et n'augmentent pas de poids en proportion. L'engraissement en est long et dispendieux. Pendant le cours de l'été, il faut les travailler avec ménagement, les bien nourrir, afin qu'ils soient en chair au moment où ils seront soumis à l'engraissement.

Les mois de novembre, décembre, janvier et fé-

(1) MAGNE. *Traité d'Hygiène vétérinaire appliquée*, t. II, p. 155.

vrier sont ceux qui conviennent le mieux à l'engraissement. A cette époque, les attelages restent souvent inoccupés, et le temps qu'emploient les cultivateurs aux soins des animaux, est sans préjudice pour d'autres travaux. Les bœufs gras de l'arrondissement d'Angoulême ont aussi, dans cette saison, moins à redouter, sur les marchés de Paris, la concurrence de ceux qui proviennent des pays d'embouche.

§ II.

BOUVERIES.

Le passage fréquent, dans les bouveries, des hommes et des animaux, inquiète ceux que l'on engraisse et nuit ainsi à l'opération. Ces bouveries doivent être d'une clarté obscure et bien fermées. Sous l'influence de la respiration, l'air s'y échauffe, se charge d'acide carbonique et de vapeur d'eau, aux dépens d'une partie de son oxygène, qui s'y trouve dès lors en moindre proportion. Sous l'influence de cette atmosphère altérée, les animaux sont mous, faibles, leurs tissus se relâchent, deviennent plus perméables aux sucs nutritifs ; l'hématose est moins complète, le sang veineux perd moins de carbone et d'hydrogène, et ces deux éléments, qui entrent en grande quantité dans les corps gras, en permettent un dépôt plus considérable dans les parenchymes organiques.

Les fumiers seront enlevés des bouveries plusieurs fois par semaine, les auges nettoyées chaque fois que l'on donnera des aliments aux animaux, et les toiles d'araignées détruites.

§ II.

NOURRITURE.

Le bon foin des prairies naturelles ou artificielles, le regain, formeront la base de la nourriture des bœufs en graisse. Mais, seuls, ces fourrages ne pousseraient que lentement les bœufs à l'engraissement : on doit y ajouter des racines telles que des betteraves, des topinambours, des pommes de terre. Les feuilles de choux, le nougat conviennent également aux bœufs que l'on engraisse. On réservera, pour la fin de l'opération, les substances qui, sous un petit volume, contiennent beaucoup de principes alibiles, comme l'avoine, le maïs.

Les betteraves, les topinambours peuvent être donnés crus ou cuits. La cuisson augmente la faculté nutritive des aliments, elle détruit le principe insalubre de la pomme de terre ; mais on peut éviter, pour la betterave et le topinambour, les frais de combustible auxquels elle entraîne, en les préparant selon le mode de fermentation que nous avons déjà indiqué. Les grains entiers, même bouillis, d'une digestion plus difficile que réduits en farine, ne nourrissent pas aussi bien les animaux que sous ce dernier état.

On évalue à 1,500 ou 1,700 grammes de bon foin ou son équivalent pour 100 kilogr. de poids vif, la

8

ration d'entretien d'un animal. Nivière admet que 7,500 grammes de foin donnés en sus de la ration d'entretien fixée comme précédemment, donnent à peu près 1 kilogr. 1/2 de viande. La race, l'âge, le poids des animaux, la valeur nutritive des aliments, leur degré de digestibilité, leur mode de préparation et d'administration sont autant de causes qui font varier les produits fournis par les animaux. Aussi, est-il difficile de fixer rigoureusement la quantité de nourriture qui convient à chacun d'eux. Toutefois, les produits étant toujours en rapport avec l'excédant représenté par la ration de production, on a intérêt à nourrir les animaux abondamment. La ration ne sera considérée comme suffisante qu'autant que les animaux refuseront de nouveaux aliments.

Deux repas suffisent, en hiver, pour les bœufs que l'on engraisse. Chacun d'eux doit durer deux heures. Il y a ainsi un intervalle de dix heures de l'un à l'autre. Pendant ce temps, les animaux n'étant pas dérangés, peuvent rester couchés ; la rumination n'est pas interrompue, l'estomac est vide à l'heure des repas ; les animaux mangent avec appétit, sont moins exposés à se dégoûter.

Les heures des repas, quel qu'en soit d'ailleurs le nombre, doivent être fixées et observées régulièrement. L'animal qui attend sa ration s'impatiente, s'agite ; ou, si elle est donnée avant l'heure ordinaire, il mange avec moins d'appétit.

Les animaux boiront à volonté dans une auge donnée à chacun d'eux ou placée entre chaque couple. On les emplit aux heures des repas. Rarement elles sont complètement vides quand on y met de l'eau de nouveau ; il en reste une certaine quantité plus ou moins vieillie, altérée par la décomposition des parcelles d'aliments qui y ont fermenté ; cette eau donne à la masse une odeur repoussante. On doit, de temps à autre, les vider entièrement, les bien nettoyer avant de les remplir. Au moyen de ces auges, les animaux boivent à volonté, ne souffrent jamais de la soif. L'eau des mares que l'on y met, lorsque les puits sont trop éloignés ou trop profonds, glacée le plus souvent en hiver, se met en équilibre de température avec l'air des bouveries. Elle refroidit moins les animaux ; l'exhalaison cutanée n'est pas diminuée : on a moins à redouter des affections de poitrine, des coliques, des entérites, surtout en raison de la réaction qui s'opère sur les muqueuses intestinales après l'ingestion d'eau glacée. Ces auges dispensent encore de sortir les animaux des bouveries, de les faire passer d'un milieu chaud dans un milieu très froid, et l'on évite les accidents qui peuvent résulter des mouvements de gaîté auxquels ils se livreraient, alors qu'étant bien nourris, ils ne sont soumis à aucun travail.

§ IV.

DU PANSAGE.

Bon nombre d'engraisseurs négligent l'usage de l'étrille et de la brosse pour les bœufs en graisse.

Les excréments s'agglutinent avec les poils, et forment, dans les régions des cuisses, des couches épaisses, qui recouvrent entièrement la peau. Les poils qui s'en détachent restent à sa surface et occasionnent des démangeaisons qui portent les animaux à se gratter avec la langue, les cornes, les pieds postérieurs ou contre les corps environnants. Ces engraisseurs pensent que ces couches de fumier donnent plus d'ampleur aux cuisses, et le hérissement des poils plus de volume à tout le corps. Cette ampleur ni ce volume ne peuvent être confondus par les bouchers avec un état de graisse plus avancé.

Le pansage est nécessaire pour débarrasser la peau des parties qui la salissent, en obstruent les pores, pour entretenir l'activité des fonctions importantes dont elle est le siége. La sympathie qui existe entre les fonctions de cette membrane et celles des autres organes, fait que les animaux bien pansés ont plus d'appétit, et que, chez eux, la digestion est plus active. Les frictions exercées par l'étrille font affluer le sang dans les capillaires extérieurs; elles favorisent la formation de la graisse au dehors; les bœufs gras ont des qualités plus apparentes.

Le pansage ne peut être supprimé que vers la fin de l'opération, parce qu'alors les animaux n'ayant que peu de temps à vivre, on doit chercher moins à fortifier la santé qu'à concentrer dans leurs tissus les principes alibiles de la nourriture.

Avec un pansage bien fait, on peut tenir à la bouverie les bœufs en graisse, sans les soumettre à aucun exercice. Ce repos absolu est favorable à l'engraissement de ceux qui, ayant beaucoup travaillé,
ont la chair dure, les fibres musculaires resserrées ;
il ramollit la chair, la rend plus tendre, plus dé-
licate. Néanmoins, pour établir une transition entre
le travail auquel ils ont été préalablement soumis
et le repos dans lequel on les tient au début de
l'engraissement, quelques promenades pourraient
être salutaires sans nuire à ce dernier : elles feraient
affluer les sucs nutritifs dans la chair, qui devien-
drait plus marbrée par l'augmentation des couches de
graisse qui s'interposeraient dans ses fibres ; la con-
traction et le relâchement des muscles activeraient
la circulation ; la respiration serait moins lente, les
animaux se videraient mieux, l'appétit serait augmenté et la digestion plus facile.

§ V.

SAIGNÉES.

On est dans l'habitude de faire saigner les bœufs
destinés à l'engraissement. Ce sont surtout les
bœufs maigres, épuisés par le travail, le manque
de nourriture, dont le poil est rude, la peau
adhérente, sur lesquels on fait pratiquer cette opération.

8.

Le sang des animaux maigres est pauvre en principes excitants et nutritifs ; les saignées ont pour effet de l'appauvrir davantage. Or, n'est-ce pas un singulier moyen, pour favoriser l'engraissement de ces animaux, que celui qui consiste à enlever au sang, chargé d'apporter aux organes leurs éléments réparateurs, une partie des principes qui y manquent déjà ? De petites saignées, cependant, n'affaiblissant pas l'économie d'une manière sensible, ont pu rendre plus mous, plus lymphatiques, des bœufs maigres, mais rustiques et très robustes, et en favoriser ainsi l'engraissement. Mais ce ne sont là que des exceptions : les saignées pratiquées sur les bœufs maigres sont plus nuisibles qu'utiles ; trop fortes, elles occasionnent des mortalités qui doivent rendre les engraisseurs très circonspects à suivre les conseils d'un trop grand nombre d'empiriques intéressés à la pratique de cette opération.

La saignée est avantageuse lorsque les animaux sont en chair : elle diminue dans les fibres le ton au moyen duquel elles résistent à l'infiltration graisseuse et rend les animaux plus faibles ; ceux-ci sont plus tranquilles, restent plus longtemps couchés. La saignée est même nécessaire pour préserver de coups de sang les animaux très gras, surtout si l'œil est vif et brillant, les muqueuses apparentes, rouges, fortement injectées, la respiration accélérée, symptômes qu'ils présentent plus particulièrement, comme l'a observé M. Favre, si la saison est chaude et sèche, ou froide et sèche.

§ VI.

SEL MARIN.

L'avidité avec laquelle les ruminants domestiques recherchent le sel marin a, depuis longtemps, attiré l'attention des agronomes sur l'emploi de ce sel comme condiment de la nourriture de ces animaux. Le professeur vétérinaire Flandrin (1) cite Columelle, Virgile et autres, une série d'ouvrages et d'écrits périodiques publiés avant lui, préconisant l'emploi du sel pour empêcher les dégoûts dont peuvent être atteints les animaux qui se nourrissent d'aliments fades, pour augmenter la sécrétion du lait, rendre ce dernier plus butyreux, favoriser l'engraissement et donner à la chair un meilleur goût. Malgré ces avantages signalés, l'usage du sel marin ne s'est point généralisé en France. Le prix élevé auquel il s'est maintenu longtemps dans ce pays en serait-il la cause ? Quoi qu'il en soit, il n'est point d'engraisseurs de l'arrondissement d'Angoulême, que nous le sachions du moins, qui l'associent à la nourriture des bœufs qu'ils engraissent. Est-ce à tort ou à raison ? Telle est la question que nous allons chercher à résoudre.

Dans ces derniers temps, des expériences ont été faites, tant en France qu'à l'étranger, à l'effet de re-

(1) *De l'usage économique du sel marin ou de cuisine dans les animaux domestiques.* — Année 1793.

connaître les avantages du sel marin employé dans
la nourriture des animaux soumis à l'engraissement.
Ces expérimentateurs s'accordent, en général, à en
constater les bons effets. Il en est cependant qui sont
d'un avis contraire. Peut-être que les uns et les autres ont été prédisposés à des conclusions différentes
par des considérations politiques, à une époque où la
diminution de l'impôt du sel était vivement demandée
par un parti.

Il est vrai que le sel marin n'entrant pas dans la
composition des corps gras, ne peut concourir directement à la formation de la graisse, du suif; mais il
fournit à l'économie du chlore et du sodium, corps
simples qui, par leur combinaison, le constituent, et
qui entrent dans la composition d'un grand nombre
de parties organiques. Le sel marin concourt ainsi à
la formation du chyle, du sang, de la chair, etc., etc.
S'il n'avait pas d'autres propriétés, le sel marin n'aurait que peu d'effet sur les animaux qui, comme ceux
que l'on engraisse, ont acquis tout leur accroissement. Mais en donnant aux aliments un piquant qui
convient aux animaux, il excite en eux l'appétit, les
engage à prendre une plus grande quantité de nourriture; il provoque dans la bouche un afflux plus
considérable de salive, facilite la sécrétion du suc
gastrique, stimule l'action des membranes charnues
de l'estomac et des intestins; il facilite, en un mot,
la digestion, rend plus parfaite l'élaboration des ma-
tières alimentaires. Ingestion d'une plus grande quantité d'aliments, digestion plus facile de ces derniers,

ce sont assurément là deux conditions qui doivent favoriser l'engraissement.

Ainsi, la théorie est d'accord avec les résultats obtenus par les expérimentateurs, qui considèrent l'emploi du sel marin comme avantageux dans l'engraissement des ruminants.

Toutefois, la dose du sel marin à donner à chaque animal n'étant pas indifférente, on doit se tenir en garde contre l'emploi immodéré de ce condiment : « Donné en trop grande quantité, il produit le météorisme, irrite les organes digestifs, détermine la dyssenterie ; à très hautes doses, il empoisonne même (1). » Les fourrages sapides, provenant de terrains riches en principes solubles, en contiennent souvent assez. Le sel marin ne convient qu'aux animaux qui se nourrissent de fourrages fades, récoltés sur des prés bas, humides, quelquefois marécageux. Baral en fixe la dose de 50 à 160 grammes par jour ; David Low, de 120 à 150 grammes ; le règlement belge, à 64 grammes.

On peut administrer le sel marin aux animaux en le mettant dans des poches suspendues aux crèches, et que lèchent les animaux. Le meilleur moyen est de l'incorporer aux aliments en le mettant sur le foin à la récolte, en le faisant dissoudre dans les boissons ou dans de l'eau dont on arrose les fourrages.

(1) HÉLIÈS. *Journal des Vétérinaires du Midi*, III.

§ VII.

MOYENS D'APPRÉCIER LES BŒUFS GRAS.

Il ne suffit pas à l'engraisseur de connaître les règles à suivre dans la pratique de l'engraissement; il doit encore être à même d'apprécier, aussi exactement que possible, le poids des animaux. Sans cette connaissance, il peut commettre, soit au moment de l'achat, soit au moment de la vente, des erreurs qui diminuent les bénéfices, souvent bien minces, à réaliser dans cette opération. Celui qui, fréquentant les foires et les marchés, a une longue habitude d'acheter et de vendre des animaux, en connaît à peu près la valeur; mais les propriétaires, qui ne livrent leurs bœufs à l'engraissement que dans le cas où ils sont d'un âge avancé ou atteints de tares qui les déprécient comme bœufs de travail, ne peuvent juger de leur valeur que par le poids qu'ils présentent. L'appréciation exacte du poids d'un animal est d'ailleurs le meilleur moyen de juger de sa valeur, et l'engraisseur, quel qu'il soit, ne pouvant, comme les bouchers, contrôler son appréciation par le pesage des animaux après la mort, n'a jamais, comme eux, le tact assez sûr pour juger du poids d'un animal par l'inspection.

Le maniement de la peau sur les côtes, en arrière des épaules, en avant et en haut du grasset (Lampe), sur les tubérosités des ischions, du scrotum (Brague), etc., ne fournit à l'engraisseur que des données vagues, insuffisantes même, dans certains cas, pour un œil exercé ; car les animaux bien conformés, qui ont des formes arrondies, paraissent souvent plus gras qu'ils ne le sont en réalité ; tandis que ceux qui sont cornus, dont les os sont saillants, quoique ayant beaucoup de graisse et de suif à l'intérieur, paraissent maigres et trompent, après leur mort, à l'avantage du boucher.

Une bascule offre le moyen le plus sûr d'apprécier le poids vif des animaux. Au moment du pesage, ils doivent être à jeun depuis vingt-quatre heures. Immédiatement ou peu de temps après le repas, ils offrent une augmentation de poids nullement en rapport avec celui des aliments ingérés : « J'ai pesé à jeun, dit M. Villeroy, un petit bœuf d'environ 250 kilogrammes de viande nette ; je lui ai fait ensuite donner son repas habituel, puis je l'ai pesé de nouveau, et j'ai trouvé une augmentation de 46 kilogr. »

D'après Anderson, le poids vivant d'un animal étant connu, pour trouver le poids de viande nette, on prend la moitié du poids de l'animal en vie ; on augmente cette moitié des 4/7 du poids total, et l'on divise la somme par 2. Soit un bœuf de 500 kilog., pesé vivant ; en se conformant à ce calcul, on trouve 267 kilog. pour le poids de viande nette.

Les résultats auxquels on arrive par ce calcul ne peuvent être considérés comme bien exacts : le rapport qui existe entre le poids vivant et celui de viande nette varie, non-seulement selon les races, les individus, mais encore et surtout, comme le démontrent des expériences nombreuses de M. Lefour, selon le degré d'engraissement des animaux. M. Lefour compte, en effet, pour 100 livres du poids de l'animal :

« Non engraissé, mais en bon état, viande, de 52 à 55 ; suif, de 4 à 5.

« Demi-gras, viande, de 55 à 60 ; suif, de 5 à 8.

« Fin gras, viande, de 60 à 65 ; suif, de 6 à 12.

« On calcule que sur un bœuf de 6 à 800 livres de viande, de 80 à 160 livres de suif, le poids de la peau est entre 50 à 70. »

D'après ces données, il est facile, le poids vivant d'un animal étant connu, de calculer celui de viande nette. Soit encore un bœuf de 500 kilog. pesé vivant, mais non engraissé. La moitié de la somme de 52 l. + 55 f. donne une moyenne de 53 kilog. 500 gr. (Nous transformons ici les livres en kilogrammes pour faciliter le calcul.) On établit cette proportion :

100 k. : 53 k. 500 gr. :: 500 k. : x ou le poids de viande nette cherché, d'où :

$$x = \frac{53 \text{ k. } 500 \times 500}{100} = 267 \text{ k. } 500 \text{ gr.}$$

nombre qui représente le poids de viande nette du bœuf de 500 kilog. pesé vivant.

Un autre bœuf, du même poids, mais demi-gras, donne, d'après un calcul analogue, 287 kilog. 500 gr. de viande nette ; et un troisième du même poids, mais fin gras, 312 kilog. 500 gr.

On peut, de la même manière, calculer le poids du suif et de la peau.

En rapprochant le poids de viande nette de ces différents bœufs, on voit que celui du bœuf non engraissé mais en bon état, obtenu d'après les données de M. Lefour, est à peu près le même que celui que nous avons obtenu d'après la méthode Anderson pour un bœuf dont on ne désigne pas l'état d'engraissement; mais que la différence est d'autant plus marquée, que les bœufs sont dans un état de graisse plus avancé.

Les résultats obtenus d'après les données de M. Lefour, ne sont point encore d'une exactitude parfaite; mais les évaluations auxquelles elles conduisent pouvant être d'une grande utilité, elles méritent d'être prises en considération.

Ainsi, le poids vivant d'un animal étant donné par la bascule, on peut, à l'aide de calculs analogues aux précédents, déterminer le poids de viande nette, du suif et de la peau. Mais la bascule, trop embarrassante, ne peut être employée sur un marché et guider l'engraisseur dans l'achat des animaux. L'acquisition de cet instrument entraîne à une dépense devant laquelle reculent les propriétaires qui ne livrent leurs bœufs à l'engraissement que dans des circonstances exceptionnelles. Enfin, le poids des animaux ne pouvant être apprécié au moyen de la bascule qu'après les avoir soumis à un jeûne de 24 heures, cet instrument ne peut, sans un dérangement apporté dans le régime des animaux, servir à l'engraisseur pour conduire convena-

blement l'engraissement, en lui fournissant des indications d'après lesquelles , jugeant des progrès de l'opération , il augmente ou diminue les rations, change la nourriture, etc.

Mesurage. — Ces inconvénients de la bascule ont suggéré à Dombasle l'idée de la remplacer par la mesure du périmètre du thorax. La méthode qu'il a proposée pour connaître le poids de viande nette des animaux est fondée sur cette observation, que la mesure du périmètre de cette région est toujours en rapport avec le poids de viande nette, de sorte que, connaissant cette mesure, on peut connaître le poids des animaux.

Pour procéder à ce mesurage, les animaux doivent être placés sur un terrain horizontal, les deux membres antérieurs dans leurs aplombs naturels, sur une même ligne transversale, la tête ni trop basse ni trop élevée. On fait partir un ruban ou une ficelle du point le plus élevé du garrot; on la dirige sur le plat de l'épaule droite, par exemple jusque sur la saillie que forme l'articulation de l'épaule avec le bras du même côté; on la fait ensuite passer d'avant en arrière et de droite à gauche, entre les deux avant-bras , puis derrière le coude gauche, d'où on la remonte au point de départ. On note le résultat obtenu , et l'on prend une seconde mesure en sens inverse de la première, c'està-dire en dirigeant la ficelle du même point du garrot à la saillie de l'articulation scapulo-humérale du côté gauche, etc.; de telle façon que cette seconde mesure croise la première. On note de nouveau le ré-

sultat obtenu. S'il est le même que le premier, l'un
d'eux indique la mesure du périmètre du thorax;
dans le cas contraire, on fait la somme des deux résultats obtenus, on en prend la moitié, et celle-ci
indique une moyenne qui ne diffère pas sensiblement
de la mesure véritable.

On trouvera, dans le tableau suivant, dressé par
Dombasle, le poids de viande nette auquel correspond
la mesure cherchée, pourvu toutefois que cette mesure ne soit pas moindre de 1ᵐ 81ᶜ ou au-dessus de
2ᵐ 73ᶜ. Soit 1ᵐ 81ᶜ la mesure du périmètre du thorax
d'un bœuf dont on veut connaître le poids de viande
nette; d'après ce tableau, ce poids sera de 175 kilogrammes.

TABLEAU COMPARATIF

Indiquant différentes mesures du périmètre du thorax et les poids de viande nette correspondants.

MESURE.		POIDS	MESURE.		POIDS.	MESURE		POIDS.
Mèt.	Cent.	Kilogr.	Mèt.	Cent.	Lilogr.	Mèt.	Cent.	Kilogr.
1	81	175	2	12	279	2	43	425
1	82	178	2	13	283	2	44	430
1	83	181	2	14	287	2	45	435
1	84	184	2	15	291	2	46	440
1	85	187	2	16	295	2	47	445
1	86	190	2	17	300	2	48	450
1	87	193	2	18	304	2	49	455
1	88	196	2	19	308	2	50	460
1	89	200	2	20	312	2	51	465
1	90	203	2	21	316	2	52	470
1	91	206	2	22	320	2	53	475
1	92	209	2	23	325	2	54	481
1	93	212	2	24	330	2	55	487
1	94	215	2	25	335	2	56	493
1	95	218	2	26	340	2	57	500
1	96	221	2	27	345	2	58	506
1	97	225	2	28	350	2	59	512
1	98	228	2	29	355	2	60	518
1	99	232	2	30	360	2	61	525
2	»	235	2	31	365	2	62	531
2	1	239	2	32	370	2	63	537
2	2	242	2	33	375	2	64	543
2	3	246	2	34	380	2	65	550
2	4	250	2	35	385	2	66	556
2	5	253	2	36	390	2	67	562
2	6	257	2	37	395	2	68	568
2	7	260	2	38	400	2	69	575
2	8	264	2	39	405	2	70	581
2	9	267	2	40	410	2	71	587
2	10	271	2	41	415	2	72	593
2	11	275	2	42	420	2	73	600

Les indications fournies par ce tableau sont consi-
dérées par Dombasle comme assez exactes pour être
d'une grande utilité. M. Magne dit l'avoir essayé à
l'abattoir de Lyon et être arrivé à des résultats qui
ont presque toujours étonné les bouchers. D'après
M. Villeroy, ce tableau indiquerait, lorsque les bœufs
sont très gras, un poids inférieur au poids réel. Il
présente, en outre, l'inconvénient de ne pas faire connaître la quantité de suif, qui doit cependant être
prise en considération dans la valeur d'un animal de
boucherie. Mais, d'après les données de Lefour, connaissant la quantité de suif que donne un animal
selon son état d'engraissement, pour un poids déter-
miné de viande nette, il devient facile, le poids total de celle-ci étant connu, de calculer le poids du
suif.

Le poids d'un animal dépendant autant de la longueur de son corps que de la circonférence, on repro-
che encore à la méthode Dombasle de négliger entièrement celle-là pour ne tenir compte que de la circonférence. C'est pourquoi Low, considérant le corps
comme un cylindre qui aurait pour base une section
faite derrière les jambes de devant, et pour hauteur
la distance du point le plus élevé de l'omoplate à la
pointe des ischions, a cherché à établir le rapport
qui existe entre le volume de ce cylindre et le poids
des quatre quartiers.

M. Quételet, de Bruxelles, s'est livré à des expériences sur ce mode de mesurage; elles l'ont conduit à des résultats d'après lesquels il a dressé des

9.

tables qui donnent le poids des animaux sur pied ; mais les chiffres qu'indiquent ces tables sont peu exacts, et ce mode de mesurage est d'une application plus difficile que celui qui a été proposé par Dombasle.

§ VIII.

DU DEGRÉ D'ENGRAISSEMENT AUQUEL IL CONVIENT DE POUSSER LES ANIMAUX.

Les bœufs demi-gras, fournissant une viande de bonne qualité, peuvent être livrés aux bouchers Il suffit, pour les mettre en cet état, d'aliments d'un prix peu élevé; mais pour les pousser au fin gras, l'engraissement est d'une plus longue durée, et les aliments donnés aux animaux doivent, sous un petit volume, contenir beaucoup de principes alibiles, être d'une facile digestion. Ces aliments sont d'un prix plus élevé que les premiers. Or, la question est de savoir si la valeur qu'acquièrent les animaux, dans cette dernière période de l'engraissement, l'emporte sur celle de la nourriture qu'ils consomment, et si, de cette manière, il peut y avoir avantage pour l'engraisseur de pousser les animaux au point de graisse le plus élevé.

Des agronomes font valoir en faveur du fin gras que, si les aliments nécessaires pour pousser les animaux à cet état sont d'un prix élevé, les animaux, en compensation, en consomment beaucoup moins.

La viande des animaux fin gras a plus de valeur, et « comme l'engraisseur obtient cette augmentation de prix, non pas seulement sur le dernier quintal de graisse qu'il a produit à grands frais, mais sur le poids total de l'animal, il peut se trouver souvent remboursé de ses avances. » (Dombasle.)

Mais, en général, le fin gras n'est pas payé en proportion des dépenses auxquelles il entraîne. Les bœufs fin gras sont maladifs, faibles, exposés aux coups de sang. Si alors on éprouve des difficultés à les vendre, on ne peut, sans de grandes dépenses, les maintenir en cet état; et les bœufs ne *faisant plus*, on est exposé à des pertes et à des dangers. Aussi, quel que soit l'état d'engraissement des animaux, est-il préférable de les vendre, même quand on en trouve un prix médiocre. Mieux vaut, dit M. Villeroy, engraisser deux bœufs chacun pendant trois mois, qu'un seul pendant six mois.

§ IX.

ENGRAISSEMENT DES VACHES.

Les règles que nous avons prescrites pour l'engraissement des bœufs sont applicables à l'engraissement des vaches; mais les vaches, soumises à l'engraissement sous l'influence de la nourriture qu'elles reçoivent, deviennent fréquemment en chaleur. Pendant la période du rut, les vaches sont inquiètes, s'agitent, et les mouvements auxquels elles se livrent retardent l'engraissement. On donnera le taureau à celles qui sont en chaleur, parce qu'une fois pleines, elles jouissent d'une quiétude qui favorise l'opération. Il n'en serait cependant pas ainsi si les vaches étaient dans un état de gestation avancé : le fœtus, plus volumineux, exige alors une plus grande quantité de nourriture, que la mère ne peut lui fournir qu'aux dépens de la graisse, du suif.

La sécrétion lactée est également contraire à l'engraissement ; aussi convient-il de tarir les vaches en graisse. Pour cela il suffit de faire des aspersions fréquentes d'eau froide sur le pis et de diminuer les mulsions de plus en plus, à mesure que le lait est sécrété en moindre quantité.

TABLE DES MATIÈRES.

www.ingramcontent.com/pod-product-compliance
Lightning Source LLC
Chambersburg PA
CBHW071448200326

41519CB00019B/5668